微波-活性炭纤维处理有机废气

冯权莉　宁　平　唐光明　著

北　京
冶金工业出版社
2021

内 容 提 要

本书以印刷过程中产生的有机废气乙醇和甲苯为研究对象，以微波-活性炭为研究手段和方法，分析研究了活性炭吸附乙醇和甲苯的原理，研究设计了载乙醇活性炭在氮气氛围中微波解吸及真空微波解吸两套实验流程，探索了其最佳工艺实验条件。对反应器的设计、微波场中的温度测量进行了探讨，对吸附过程及解吸过程的影响因素、规律进行了实验研究和理论分析。建立了吸附等温线方程，以 D-R 方程作为纯组分吸附等温线对数值积分的精度进行研究，对 AHEL 模型的合理应用与纯组分 Unilan 吸附等温线进行了研究。

本书可供有机废气处理的研究人员、工程技术人员和管理人员阅读，也可供大专院校有关专业的师生参考。

图书在版编目(CIP)数据

微波-活性炭纤维处理有机废气/冯权莉等著．—北京：冶金工业出版社，2017.6（2021.7 重印）

ISBN 978-7-5024-7563-5

Ⅰ.①微…　Ⅱ.①冯…　Ⅲ.①废物处理　Ⅳ.①X7

中国版本图书馆 CIP 数据核字(2017)第 141484 号

出 版 人　苏长永

地　　址　北京市东城区嵩祝院北巷 39 号　邮编　100009　电话　(010)64027926

网　　址　www. cnmip. com. cn　电子信箱　yjcbs@ cnmip. com. cn

责任编辑　姜晓辉　美术编辑　彭子赫　版式设计　孙跃红

责任校对　郑　娟　责任印制　李玉山

ISBN 978-7-5024-7563-5

冶金工业出版社出版发行；各地新华书店经销；北京建宏印刷有限公司印刷

2017 年 6 月第 1 版，2021 年 7 月第 2 次印刷

710mm×1000mm　1/16；8. 25 印张；157 千字；119 页

48. 00 元

冶金工业出版社　投稿电话　(010)64027932　投稿信箱　tougao@cnmip. com. cn

冶金工业出版社营销中心　电话　(010)64044283　传真　(010)64027893

冶金工业出版社天猫旗舰店　yjgycbs. tmall. com

（本书如有印装质量问题，本社营销中心负责退换）

前 言

有机废气（VOCs）一般指的是挥发性有机化合物，即在常温下饱和蒸气压大于70Pa，常压下沸点在260℃的有机化合物。其主要来源于石油、制药、化工、涂料、印刷等工业生产过程。随着工业的快速发展以及人们生活水平的提高，挥发性有机物的排放不断增加，并具有范围广、排放量大等特点。由于VOCs是一种有毒、有害的气体，它们释放到空气中不仅会造成严重的环境污染，而且如果人体长期接触、吸入，将对神经系统及造血功能带来严重危害，甚至引发癌变及其他严重疾病甚至死亡。如何处理挥发性有机气体已成为了人们研究的焦点问题。

目前，在印刷过程中大量使用的油墨主要是溶剂型油墨，油墨用的溶剂主要是乙醇。在印品干燥时，挥发性组分的总含量为70%~80%。乙醇废气通过固化设备的排气系统排出，排出的废气未经妥善处理即排入大气，不但浪费资源，而且给工人的健康和大气环境造成危害。因此，有效地回收废气中的乙醇不仅可以减少其对环境的危害，同时也可以实现其资源化利用，减少资源浪费，降低企业的生产成本。

活性炭纤维（Activated carbon Fiber)，是继粉末活性炭（PAC）和颗粒活性炭（GAC）之后的第三代活性炭产品，其内部有丰富的微孔，有许多的表面官能团，具有发达的比表面积，一般可达到1000~3000m^2/g。对气体的吸附、脱附速率快，吸附容量大，吸附性能优于颗粒活性炭，再生后可以实现资源的重复利用，具有良好的应用前景。

活性炭纤维的再生使用采用最多的方法是加热再生，而在不同的加热源中微波具有独特的加热性能，具有如下优点：(1) 穿透性加热，加热速度快；(2) 节能省电；(3) 热源与加热材料不直接接触；(4) 能进行选择性加热；(5) 便于控制，无废物生成。而且微波加热与传统加热技术相比，微波加热还有另外一个重要的优势，微波是向被加热活性炭内部辐射微波电磁场，属于内部加热，微波场中无温度梯度存在，活性炭的再生时间短，解吸气体浓度高，利于回收高品质的有机气体。

本书采用微波作为热源取代传统热源进行活性炭纤维的再生研究，通过对乙醇气体的活性炭纤维吸附及微波解吸回收乙醇的实验，研究微波再生吸附乙醇活性炭纤维技术，探讨一种经济实用载乙醇活性炭纤维再生的方法，为微波再生活性炭纤维实际应用提供一定的理论和实验基础。

活性炭吸附法经济可行的决定因素除了吸附过程的理论研究基础外，活性炭再生方式的选择及其理论研究也同样重要，否则势必会带来治理成本高，造成二次污染，治理不彻底等问题。

随着活性炭吸附法的应用范围日趋广泛，活性炭的回收开始得到人们的重视。活性炭吸附法的经济性主要取决于再生方式。目前，活性炭再生方法主要有加热再生法、药剂再生法、生物再生法、化学再生法、湿式氧化再生法等几大类。其中，加热再生法是各种再生方法中应用、研究最多也是最成熟的一种方法。传统变温解吸可通过间接加热吸附剂或直接与热气体接触来实现。对活性炭，常利用水蒸气来解吸，由于活性炭热传导系数较低，要使整个固定床加热到吸附质被解吸的温度，需加热的时间很长。变温解吸的另一缺点是能量消耗大，再生不仅需要将吸附质提升到解吸所需温度，而且为使吸附剂进一步活化，还需将温度进一步升到吸附剂的活化温度，且经多次加热冷却后，烧损严重。如果利用过热蒸汽再生，固定床在重新吸附前还要再干燥。如果解吸的有机物含水，还须设置水和有机物的分离设备。

与传统的热再生方法相比，微波加热解吸再生有以下优点：(1) 微波对反应物起深层加热作用；(2) 微波加热温度均匀；(3) 解吸速度快；(4) 在微波辐照下，各种被蒸发的吸附质的电子损失不同，因此能实现对吸附质的选择加热。

有效地回收印刷废气中的乙醇，使其循环利用，对实现印刷行业的节能降耗和清洁生产具有重要意义与作用。本书是作者多年研究成果的总结。这些研究包括：

(1) 考察活性炭纤维在不同吸附时间、吸附温度、吸附压力和活性炭纤维的质量下对乙醇废气的动态吸附性能。

(2) 采用不同的改性方法处理活性炭纤维，考察浸渍浓度、浸渍时间、碳化时间和碳化温度等因素对活性炭纤维吸附性能的影响。

(3) 采用氮气氛围下对载乙醇活性炭纤维进行解吸。采用正交实验讨论微波功率、载气（氮气）线速、微波辐照时间和活性炭纤维量等四个因素对解吸率的影响程度；其中每个因素3个水平，以乙醇解吸率作为指标做 $L_9(3^4)$ 正交实验，确定实验条件下的最佳解吸工艺条件。

(4) 采用真空氛围下对载乙醇活性炭纤维进行解吸。采用正交实验讨论微波功率、载气（氮气）线速、微波辐照时间和活性炭纤维量等四个因素对解吸率的影响程度；其中每个因素3个水平，以乙醇解吸率作为指标做 $L_9(3^4)$ 正交实验，确定实验条件下的最佳解吸工艺条件。

(5) 考察不同解吸条件下活性炭纤维的质量损耗率。通过多次吸附、解吸以及通过分析仪器检测再生前后活性炭纤维的吸附性能和表观结构差异，考察解吸对活性炭纤维性能的影响，通过这一过程验证活性炭纤维再生利用的可行性。

(6) 提出的IAS理论需要大量数值模拟，包括数值积分。当以D-R方程作纯组分吸附等温线时，该理论对数值积分的精度要求严格。AHEL模型的合理应用与纯组分Unilan吸附等温线的参数有关。

在本书即将付梓之际，我要感谢博士生导师宁平、我的同事王学谦，和我的学生王晨旭、孙创等。感谢化工学院梅毅院长对我学习和工作的支持，感谢在我求学路上所有帮助和支持我的老师、同学和朋友。特别感谢我的家人多年来对我学习、工作、生活上的理解、关心、支持和帮助。

限于著者水平，书中未能尽善之处，还期盼读者多加指正。

冯权莉

2016年12月

目　　录

1 活性炭吸附与微波加热基础理论

1.1 活性炭吸附基础理论

固体表面由于存在着未平衡的分子引力或化学键力，而使所接触的气体或溶质被吸引并保持在固体表面上，这种表面现象称为吸附[1]。固体都有一定的吸附作用，但具有实用价值的吸附剂是比表面积较大的多孔性固体。

依据吸附剂再生方式的不同，吸附法又可分为变温吸附（Temperature Swing Adsorption，TSA）和变压吸附（Pressure Swing Adsorption，PSA）。

TSA 主要是根据各吸附等温线的斜率不同，在低温下吸附剂的吸附容量增大而吸附，当压力不变而温度升高时，吸附剂的吸附容量减少而解吸。同时，吸附剂再生。加热吸附剂床层的方法可以采用过热水蒸气、烟道气和电感加热，以提高吸附剂的温度，但加热后的终温需控制，以免吸附剂失活或晶体结构破坏。

PSA 指的是气体组分或液态溶液经气化后的气体，由于其吸附等温线斜率的变化和弯曲度的大小，在系统压力变化的情况下，被吸附剂吸附分离。在 PSA 循环过程中，系统不断地加压、减压或抽真空，消耗了大量的能量。因此，在操作时必须控制加压和抽真空后系统的压力，以期取得最佳的操作条件，减少能量的消耗。

纤维状活性炭纤维是在 20 世纪 70 年代在炭纤维基础上发展起来的，是继粉末状和颗粒状（GAC）活性炭之后的第三代活性炭吸附剂，相比于粉末状和颗粒状活性炭，活性炭纤维具有更大的比表面积、更广的孔径分布以及易压制成型等一系列的优点。此外，活性炭纤维孔径发达，主要以微孔形式分布在纤维丝外表面，其孔径以 2.0nm 的为主，分布比较均匀，从而形成丰富的纳米孔径分布，因而具有较大的比表面积。因此，活性炭纤维相比于前两种活性炭吸附材剂在性能和应用范围方面都得到了较大的提升，但是材料制备的原料和工艺要求都提高了，一定程度上提高了吸附剂的成本。

1.1.1 活性炭纤维的制备

在工业生产中，活性炭纤维主要以酚醛纤维、粘胶纤维、沥青纤维、聚乙烯醇纤维、聚丙烯腈纤维以及各种木质素等纤维材料作为原料制得。这些作为原料的纤维通常具有较高的纯度，通过不同工艺和条件制成的活性炭纤维在性能方面都各有区别。

在纤维丝制成活性炭纤维的工艺主要可分为以下几个步骤，即预处理、炭化以及活化。不同的预处理工艺以及选择不同的活化剂和活化工艺，都会对活性炭纤维的性能有较大的影响。

通过预处理可以提高纤维材料在高温炭化时的稳定性，根据原料的不同活性炭纤维的预处理工艺存在着一定的差异，可分为无机盐预处化和空气预氧化。例如粘胶纤维的预处理主要通过磷酸盐、硫酸盐等无机盐浸渍的无机盐预处理得以实现，沥青纤维和聚丙烯腈纤维则需要通过在200~400℃的程序升温进行空气预氧化。

炭化是在高温环境下将纤维中的非碳成分除去，形成一定的孔状结构。研究表明，适中的炭化温度有利于得到高比表面积较大的孔容和孔径[2]。

活化则是进一步增大活性炭纤维的孔结构，可以通过无机盐或碱浸渍氢氧化钾、氯化锌、硫酸盐、碳酸盐、磷酸或者磷酸盐等浸渍原料纤维丝后，在惰性气体保护下进行加热加以活化，在 CO_2 和 H_2O 的气态环境下加热到700~1000℃也可以对碳纤维进行活化，活化作用改善活性炭纤维的吸附性能[3~5]。当二氧化碳和水蒸气为活化剂时，分别发生以下反应：

$$C_x + H_2O \Longrightarrow H_2 + CO_2 + C_{x-1}$$

此外，浸渍法和气态法协同进行得到较好的活化效果。

1.1.2 活性炭纤维的基团及微观结构

影响活性炭纤维吸附性能的包括其表面的化学结构以及表面的孔状结构，国际纯粹与应用化学联合会（IUPAC）将孔隙分为三类，即：孔径小于2nm的微孔，孔径在2~50nm范围内的中孔，孔径大于50nm的大孔[6]。活性炭纤维丝直径为5~30μm，与活性炭含有微孔、中孔与大孔不同的是，活性炭纤维孔径结构主要为分布较为狭窄且较均匀的微孔，孔径主要分布为0.5~1.5nm。微孔总量通常为活性炭纤维孔径的90%以上。因此，活性炭纤维的比表面积通常为1000~2500m^2/g。

活性炭纤维表面的碳原子和微晶内的碳原子存在方式有所不同，具有不饱和键，易于以结合碳成分以外的原子和原子团[7]。活性炭纤维的表面存在一些活性官能团，主要有酚羟基、羧基、醌基和内酯基等含氧官能团。此外，还有少量含P、N、S以及卤素等官能团。这些官能团的形式和数量与生产活性炭纤维的原料和工艺密切相关。

活化方法的不同，活性炭纤维表面含氧官能团的种类与分布也有所差异。不同的活化工艺，使其表面具有不同的酸碱性，而表面酸碱性则直接影响着活性炭纤维的选择性吸附以及活性炭纤维的吸附容量等吸附性能。含氧基团使活性炭纤维具有较强的氧化还原性能，在有水存在的环境下，活性炭纤维具有更强的氧化还原能力。这些性能是由于其表面有着类似于蒽、菲、萘基团上的H，或是C–H等官能团，而在有水的条件下这类官能团易被氧化为C–OH官能团，这就使得活性炭纤维表面单位面积内含氧官能团数量增加，因而使其氧化还原能力有所增大。活性炭纤维表面的含氧官能团如图1–1所示。

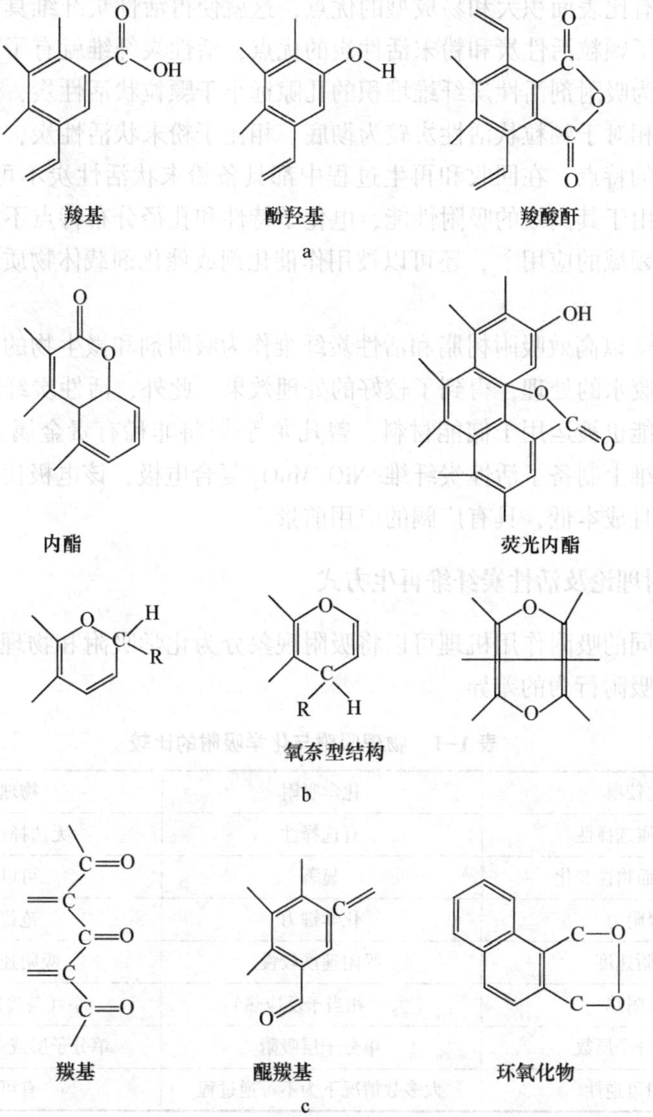

羧基　酚羟基　羧酸酐

a

内酯　荧光内酯

氧奈型结构

b

羰基　醌羰基　环氧化物

c

图1–1 ACF表面含氧官能团

a—酸性含氧官能团；b—碱性含氧官能团；c—中性含氧官能团

1.1.3 活性炭纤维的应用

颗粒状活性炭形态较为稳定，易于回收，主要应用于水处理和和气体处理方面，颗粒状活性炭在填充方面需根据填料塔和吸附质的特点进行选择，通常这种填充孔隙率较大，这就一定程度上会影响吸附的效果；粉末状活性炭则由于粒度较小不易回收，主要应用于水处理中，通常使用后都与淤泥一起处理掉。由于活性炭纤维具有比表面积大和易成型的优点，这就使得活性炭纤维具有较大的吸附容量，兼具了颗粒活性炭和粉末活性炭的优点，活性炭纤维就有了较为广泛的应用前景。作为吸附剂活性炭纤维堆积的孔隙远小于颗粒状活性炭，这使得活性炭纤维的吸附相对于颗粒状活性炭较为彻底。相比于粉末状活性炭，活性炭纤维由于其易成型的特点，在回收和再生过程中都具备粉末状活性炭不可比拟的优势。活性炭纤维由于其高效的吸附性能、电化学特性和孔径分布特点不仅局限于废水和废气处理领域的应用[8]，还可以被用作催化剂或催化剂载体物质运用于催化等领域。

马晓爽[9]以高效吸附树脂和活性炭纤维作为吸附剂和微生物的载体应用于高浓度含苯酚废水的处理，得到了较好的处理效果。此外，活性炭纤维由于其良好的电化学性能也被运用于储能材料，曾凡龙等[10]将非稀有贵金属 Ni 和 Mn 负载在活性炭纤维上制备了活性炭纤维/NiO/MnO_2 复合电极，该电极比电容高和循环性能好，而且成本低，具有广阔的应用前景。

1.1.4 吸附理论及活性炭纤维再生方式

根据不同的吸附作用机理可以将吸附现象分为化学吸附和物理吸附，表 1-1 比较了两种吸附行为的差异。

表 1-1 物理吸附与化学吸附的比较

比较项	化学吸附	物理吸附
吸附质选择性	有选择性	无选择性或较差
固体表面物性变化	显著	可以忽略
吸附力	化学键力	范德华力
吸附速度	吸附速度较慢	吸附速度较快
吸附热	大（相当于反应热）	小（与冷凝热相近）
吸附分子层数	单分子层吸附	单分子层或多分子层吸附
吸附可逆性	大多数情况下为不可逆过程	有可逆性

由于基团结构的相似性，活性炭纤维的吸附机理类似于活性炭，理论上认为活性炭对有机物的吸附通常通过 π-π 色散力作用机理、氢键形成机理、给电子-

受电子复合物形成机理3种机理作用而成[11]。

吸附剂使用后，通过对吸附剂进行再生不但可以达到循环利用资源，节约资源的目的，同时通过选择合适的再生方式可以避免对环境产生二次污染。吸附吸附质后的活性炭纤维可以通过对吸附质物理脱附或分解消除的方式对活性炭纤维进行解吸再生，解吸再生的方式很多，通常可以通过热解吸法再生、电化学分解法再生以及溶剂法解吸再生等再生方式进行吸附剂再生[12~16]。再生方法中最常用的同时也是最为传统的方式是热解吸。活性炭纤维吸附和再生机理与活性炭相似，再生方法则可以以活性炭再生方式作为参考，下面就在吸附剂的解吸方面做一些简介。

1.1.4.1 热解吸[12]

热解吸是最为传统的解吸方法，热解吸一般采用热空气或者水蒸气吹扫的方式对吸附剂和吸附质进行加热的方式，通过升高温度将吸附质从吸附剂上脱附下来。这一解吸方法由于热空气的比热较小因此传热效率有限，如采用比热较高的水蒸气则会产生水溶性吸附质与水的分离的后续过程。一般情况下，热解吸是一种耗能较高的解吸方式，选择一种行之有效的节能解吸方式对环保节能方面都具有较大的现实意义。

1.1.4.2 电化学分解

电化学分解是运用吸附技术和电晕法相结合的用于分解吸附剂中的吸附质，由于活性炭纤维具有较好的电化学性能以及发达的孔径结构，在电晕作用下有利于有机物催化裂解为活性较高的自由基实现活性炭纤维上吸附质的解吸，从而实现了挥发性有机气体的净化过程。电化学分解实现了较为彻底有机物的净化，但不利于需要回收再利用的有机物的回收。傅宝林等[14]探究了利用活性炭纤维处理含油废水，并利用电化学再生法处理吸附饱和活性炭纤维，得到了较好的实验效果。此外运用电化学解吸除了考虑解吸性能以外，还需考虑解吸对活性炭性能的影响，You X 等[15]研究了活性炭吸附 EDTA 并利用电化学方式进行对有机吸附质进行催化分解实验，不仅考查了活性炭的解吸性能，实验还表明在一定的解吸条件下，活性炭的催化活性也得以恢复。

1.1.4.3 化学试剂解吸

化学试剂解吸是利用化学试剂对吸附剂进行再生，因此又称为溶剂解吸法，该方法是通过运用对吸附质具有较好溶解性的试剂通过浸取的方式将吸附质从吸附剂上脱附。李中华等[16]利用 CS_2 对活性炭管吸附的正己烷、苯、甲苯、间二甲苯等有机物进行溶剂解吸，结果表明该方法具有较好的解吸效率，多种有机物通过溶剂法解吸都可以接近完全解吸。

但溶剂解吸有机物也具有明显的弊端。首先溶剂通常为对吸附质具有较好的溶解性，这就加大了溶剂与溶质的分离回收难度。此外，吸附剂通常对溶剂具有较好的吸附性能，这就造成吸附剂污染与浪费的问题。因为这些问题的存在溶剂解吸通常被运用于不需要分离回收的吸附质的解吸以及吸附理论的研究，同时这些问题也一定制约了这种解吸方法的运用和推广。

1.1.4.4 微波辐照解吸[17~18]

微波辐照解吸是一种新型的吸附剂解吸方法，微波辐照解吸通过运用微波能辐照载有机组分的活性炭纤维，通过内加热的方式，实现吸附质与吸附剂的分离，通过合适的载气（同时也是保护气）将高浓度的有机物带出，冷凝分离。微波对极性物质具有良好的加热效果，利用微波加热解吸不同于传统的热解吸，微波加热不需要传热介质，通过电磁波与极性物质的相互作用达到加热的目的。因此，微波加热解决了传统热解吸方法中水蒸气等热载体分离难、温度分布差异大等一系列的问题，是一种较为理想的载有机物吸附剂的再生方式。同时，微波加热后由于脱附后的有机气体具有较高的浓度，有利于分离回收再利用是一种较为理想的有机废气的分离回收方式。

1.1.5 活性炭纤维的改性及功能化

在吸附过程中，活性炭纤维对吸附质分子吸附途径短，吸附质可以直接进入微孔，具有较好的吸附性能，通过化学和物理改性的方式可以改变活性炭纤维的孔径大小或表面化学性质，这些方面已有较多文献报导[19~20]。活性炭纤维改性分为孔隙结构改性和表面化学改性。孔隙结构改性通过改变孔结构大小以增加吸附容量，表面化学改性可以根据吸附质类型或吸附环境通过化学方法改变基团类型以及基团的含量，以改善活性炭纤维的极性改善其特定的吸附性能。

在活性炭纤维改性方面也有不少相关的文献做出了论述。王秀丽等[21]采用硝酸、磷酸、磷酸二氢铵和硝酸铜水溶液对聚丙烯腈基活性炭纤维（PAN-ACF）进行浸渍改性，改性后活性炭纤维表面含氧酸性官能团明显增加，其零电荷点相应降低，比表面积和微孔孔容都得到增大，其对铜离子的吸附容量提高了3.6倍。Seul-Yi L等[22]通过运用氢氧化钾对ACF进行改性提高了活性炭纤维对CO_2的吸附性能。

此外，活性炭纤维由于其高度发达的孔隙结构同时具有较好的电化学性能，可以作为光催化等催化环境的载体物质使用。

1.2 微波加热基础理论

微波是频率在300MHz~300GHz的电磁波，大约100亿年前，从我们这个宇宙诞生以来微波就已经存在了。1965年，AT&T贝尔实验室的阿诺·彭齐亚斯Arno Penzias和罗伯特·威尔逊Robert Wilson发现了几乎各向同性的和等温的宇宙背景辐射，他们发现的辐射场即由低能微波组成[23]。

由于微波加热是一种内加热，具有加热速度快、加热均匀、对加热物质有选择性、无滞后效应等特点，在有机合成、无机材料制备、物料干燥、食品工业和医药行业中有着十分广泛的应用。甚至在环境工程领域，微波在气体污染物处理、固体废弃物的处理、土壤修复、油水分离等方面也显示出独特的效果[24]。

因为微波的应用极为广泛，为了避免相互间的干扰，供工业、科学及医学使用的微波频段是不同的。目前，最常用的两个频率是915MHz 和2450MHz。电能转化为2450MHz 微波能的效率约为50%，转化为915MHz 微波能的效率约为85%。家用微波炉选用的频率一般为2450MHz；在工业上，由于所需要的微波谐振腔体积较大，一般选用915MHz。微波辐射技术已经显示出其无与伦比的优越性，可以预见在未来的工业应用中具有广阔的应用前景。

1.2.1 微波与材料的相互作用

当微波在传输过程中遇到不同材料时，会产生反射、吸收和穿透现象。这些作用和其程度、效果取决于材料本身的几个主要的固有特性：相对介电常数（$\varepsilon\gamma$），介质损耗角正切（$\tan\delta$，简称介质损耗）、比热容、形状、含水量的大小等。

1.2.1.1 微波与常用材料的相互作用

在微波加工系统中，常用的材料有导体、绝缘体、介质、极性和磁性化合物几类。

（1）导体。一定厚度以上的导体，如铜、银、铝之类的金属，能够反射微波。因此在微波系统中，常利用导体反射微波的这种特殊的形式来传播微波能量。例如，微波装置中常用的波导管，就是矩形或圆形的金属管，通常由铝或黄铜制成。它们像光纤传导光线一样，是微波的通路。

（2）绝缘体。在微波系统中，绝缘体有其完全不同于普通电路中的地位。绝缘体可透过微波，并且它吸收的微波功率很小。微波和绝缘体相互间的影响，就像光线和玻璃的关系一样，玻璃使光线部分地反射，但大部分则透过，只有很少部分被吸收。在微波系统中，根据不同情况使用着玻璃、陶瓷、聚四氟乙烯、聚丙烯塑料之类的绝缘体，它们常作为反应器的材料。由于这种“透明”特性，在微波工程中也常用绝缘体材料来防止污物进入某些要害部位，这时的绝缘体就成为有效的屏障。

（3）介质。对微波而言，介质具有吸收、穿透和反射的性能。介质通常就是被加工的物料，它们不同程度地吸收微波的能量，这类物料也称为有耗介质。特别是含水和含脂肪的食品，它们不同程度地吸收微波能并将其转变为热量。

（4）极性和磁性化合物。这类材料的一般性能非常像介质材料，也反射、吸收和穿透微波。应当指出，由于微波能量具有能对介质材料和有极性、磁性的材料产生影响的电场和磁场，因此许多极性化合物、磁性材料同介质材料一样，也易于作微波加工材料。

1.2.1.2　微波对介质的穿透性质

微波进入物料后，物料吸收微波能并将其转变为热能，微波的场强和功率就不断地被衰减，即微波透入物料后将进入衰减状态。不同的物料对微波能的吸收衰减能力是不同的，这随物料的介电特性而定。衰减状态决定着微波对介质的穿透能力[16]。

当微波进入物料时，物料表面的能量密度是最大的，随着微波向物料内部的渗透，其能量呈指数衰减，同时微波的能量释放给了物料。渗透深度可表示物料对微波能的衰减能力的大小。一般它有两种定义：

(1) 渗透深度为微波功率从物料表面减至表面值的1/e(36.8%) 时的距离，用 D_E 表示，e 为自然对数底值。

$$D_E = \lambda_0 / \pi \sqrt{\varepsilon_\gamma} \tan\delta \tag{1-1}$$

式中　λ_0——自由空间波长；

ε_γ——相对介电常数；

$\tan\delta$——介质损耗。

(2) 微波功率从物料表面衰减到表面值的1/2 时的距离，即所谓半功率渗透深度 $D_{1/2}$，其表示式为

$$D_{1/2} = \frac{3\lambda_0}{8.686\pi \sqrt{\varepsilon_\gamma} \tan\delta} \tag{1-2}$$

渗透深度随波长的增大而变化。换言之，它与频率有关，频率越高，波长越短，其穿透力也越弱。在 2450MHz 时，微波对水的渗透深度为 2.3cm，在 915MHz 时增加到 20cm；2450MHz 时，微波在空气中的渗透深度为 12.2cm；915MHz 时为 33.0cm。

(3) 由于一般物体的 $\pi \sqrt{\varepsilon_\gamma} \tan\delta \approx 1$，微波渗透深度与所使用的波长是同一数量级的，这些结论也揭示了一个电磁场穿透能力的物理特性。由此可知，目前远红外线加热常用的波长仅为十几个纳米。因此，与红外、远红外线加热相比，微波对介质材料的穿透能力要强得多。

穿透能力差的加热方式，对物料只能进行表层加热，从整个物料的加热情况来看，属热传导加热范畴。而微波依靠其穿透能力较强的特点，能深入物料内部加热，使物料表里几乎同时吸热升温形成体热状态加热，其加热方式显然有别于热传导加热。由此，微波加工工艺带来一系列不同的加热效果。

1.2.2　微波加热原理

一般来说，介质在微波场中的加热有两种机理，即离子传导和偶极子转动。

在微波加热的实际应用中，两种机理的微波能耗散同时存在[25~29]。

1.2.2.1 离子传导机理

离子传导是电磁场中可离解离子的导电移动，离子移动形成电流，由于介质对离子的阻碍而产生热效应。溶液中所有的离子起导电作用，但作用大小与介质中离子的浓度和迁移率有关。因此，离子迁移产生的微波能量损失依赖于离子的大小、电荷量和导电性，并受离子与溶液分子之间的相互作用的影响。

1.2.2.2 偶极子转动机理

介质是由许多一端带正电，一端带负电的分子（或偶极子）组成。如果将介质放在两块金属板之间，介质内的偶极子作杂乱运动，当直流电压加到金属板上，两极之间存在一直流电场，介质内部的偶极子重排，形成有一定取向的有规则排列的极化分子。若将直流电换成一定频率的交流电，两极之间的电场会以同样频率交替改变，介质中的偶极子也相应快速摆动，在2450MHz的电场中，偶极子以4.9×10^{9}次/s的速度快速摆动。由于分子的热运动和相邻分子的相互作用，使偶极子随外加电场方向的改变而作规则摆动时受到干扰和阻碍，产生了类似摩擦的作用，使杂乱无章运动的分子获得能量，以热的形式表现出来，介质的温度也随之升高。

偶极子加热的效率与介质的弛豫时间、温度和粘度有关。而温度和介质离子的迁移率、浓度及介质的弛豫时间决定两种能量转换机理对加热的贡献。

根据德拜理论，极性分子在极化弛豫过程中的弛豫时间τ，与外加交变电磁场极性改变的圆频率ω有关，在微波频段时有$\omega\tau\approx1$的结果。以我国工业微波加热设备常用的两种微波工作频率915MHz和2450MHz的情况计算，得到τ约为$10^{-11}\sim10^{-10}$s数量级。因此，微波能在物料内转化为热能的过程具有即时特征，对物料加热无惰性，即只要有微波辐射，物料即刻得到加热。反之，物料就得不到微波能量而停止加热。这种使物料瞬时得到或失去加热动力（能量）来源的性能，符合工业连续自动化生产加热要求。加热过程中无需对热介质、设备等作预加热过程[30]，从而避免了预加热额外能耗。

1.2.2.3 物料吸收微波能量的数学描述

物料从电场吸收的能量可由下述方程描述[31]：

$$Pm^{-3} = 2\pi fE^{2}\varepsilon_{0}\varepsilon_{\gamma}\tan\delta \qquad (1-3)$$

式中，Pm^{-3}为单位体积吸收的能量，Wm^{-3}；f为频率；E为物料内的电场强度，Vm^{-1}；ε_0为自由空间的介电常数，8.854×10^{-12} Fm^{-1}；ε_γ为相对介电常数；$\tan\delta$为损耗角正切。

加热物料所需的能量由下式描述：

$$J = m \times s \times \theta_{\gamma} \qquad (1-4)$$

式中，m为物体的质量，kg；s为比热容，J/(kg·C)；θ_γ为升高的温度，℃。

功率为能量的变化速率：

$$\frac{\mathrm{d}J}{\mathrm{d}t} = m \times s \times \frac{\mathrm{d}\theta_\gamma}{\mathrm{d}t} \tag{1-5}$$

将此式与方程（2-3）结合得：

$$m \times s \times \frac{\mathrm{d}\theta_\gamma}{\mathrm{d}t} = Pm^{-3} \times V = 2\pi f E^2 \varepsilon_0 \varepsilon_\gamma \tan\delta \times V \tag{1-6}$$

将 $V = \frac{m}{\rho}$ 代入得：

$$\frac{\mathrm{d}\theta_\gamma}{\mathrm{d}t} = \frac{2\pi f E^2 \varepsilon_0 \varepsilon_\gamma \tan\delta}{\rho \times s} \tag{1-7}$$

可见当微波频率一定时，物料在微波场中温度的上升速率主要取决于三个参数：E，ε_γ，$\tan\delta$。相对介电常数 ε_γ 和损耗角 $\tan\delta$ 随温度和频率的变化波动很大。

1.2.3 微波加热与常规加热的区别及其特点[12,33]

与常规的物料加热方法相比，微波加热在本质上与其有根本差别。常规加热依赖一个或多个传热机制，传导、对流或辐射，将热能传递给物料。在所有这三种机制中，能量都积聚在物料表面，导致在物料中形成温度梯度，促使热由表面向中心传递。因此，温度梯度总是指向物料内部，在表面处温度最高。在微波加热中，微波可与表面的物料相作用，但也穿过表面，与物料的中心部分相作用。在微波辐射穿过物料的过程中，电磁能被转变成遍布于物料各处的热能。由于微波加热速率不受通过表面层的传导的限制，物料可被更快速地加热。

微波加热的另外一个重要方面是，它形成与常规加热方向相反的温度梯度。也就是说，最高的温度在物体的中心，热由中心向外传递。对于物料干燥这样的操作，这种作用是非常有益的。除了温度梯度的方向相反之外，与常规加热相比，这个梯度较小，因为热在接受辐射的物料的所有部分生成。这种作用减小了物料内部的压力，有助于消除内部压力过大时发生的破裂等问题。

微波加热的特点总结如下：

（1）加热速度快。常规加热如火焰、热风、电热、蒸汽等称之为外部加热。要使中心部位达到所需的温度，需要一定的时间，导热性较差的物体所需的时间就更长。微波加热是使被加热物本身成为发热体，称之为内部加热方式，不需要热传导的过程，内外同时加热，因此能在短时间内达到加热效果。

（2）均匀加热。常规加热，为提高加热速度，就需要升高加热温度，容易产生外焦内生现象。微波加热时，物体各部位通常都能均匀渗透电磁波，产生热量，因此均匀性大大改善。

（3）节能高效在微波加热中，微波能只能被加热物体吸收而生热，加热室内的空气与相应的容器都不会发热。所以，热效率极高，生产环境也明显改善，还可避免加热过程中火灾的发生。

(4) 易于控制微波加热的热惯性极小。若配用微机控制，则特别适宜于加热过程加热工艺的自动化控制。

(5) 低温杀菌、无污染用于食品加工时，微波能自身不会对食品污染，微波的热效应双重杀菌作用又能在较低的温度下杀死细菌，这就提供了一种能够较多保持食品营养成分的加热杀菌方法。

(6) 选择性加热微波对不同性质的物料有不同的作用。在微波辐照下，各种被加热的吸附质的电子损失程度不同。因此，能实现对吸附质的选择加热。

1.3 微波再生活性炭的原理和特点

1.3.1 微波再生原理

活性炭是由类似石墨的碳微晶按“螺层行结构”排列，由微晶间的强烈交联形成发达的微孔结构，通过活化反应使微孔扩大形成了许多大小不同的孔隙，孔隙表面一部分被烧掉，结构出现不完整，加之灰分和其他杂原子的存在，使活性炭的基本结构产生缺陷和不饱和价，氧和其他杂原子吸着于这些缺陷上，因而使活性炭产生了各种各样的吸附特性[34,35]。

活性炭的各种再生方法可分为两类。一是引入物质或能量使吸附质分子与活性炭之间的作用力减弱或消失使吸附质脱附；二是依靠热分解或氧化还原反应破坏吸附质的结构而达到除去吸附质的目的[36]。

在微波炉中，磁控管辐射出的微波在腔内形成微波能量场，并以极高的速度改变正负极性，使活性炭中吸附的极性分子随正负极性改变而高频改变方向，在相互碰撞、摩擦中产生高热量[28]，被吸附在孔道中的水和有机物质受热挥发和炭化，活性炭的孔道重新打开，活性炭本身也要吸收微波而升温，烧失一部分炭，使孔径扩大，从而使活性炭恢复到原来的吸附活性[37]。

1.3.2 微波再生特点

工业上常用的活性炭再生方法有升温再生、变压再生、置换再生、吹扫再生等，其中最关键的是加热热源的选择。微波对被照物有很强的穿透力，对反应物起深层加热作用[38]，效率高、加热快、能耗低。与传统的热再生方法相比，微波再生技术有以下优点[39]：热量的引入通过电磁能的传输直接进入；微波加热温度均匀；解吸速度快；能实现对吸附质的选择加热。

在微波辐照下，各种被蒸发的吸附质的电子损失不同，因此能实现对吸附质的选择加热。微波加热具有选择性这一点对于载乙醇活性炭微波解吸过程中水和乙醇这类可形成共沸物的组分的分离无疑是有效果的。在载乙醇活性炭的微波解吸过程中，乙醇和水对微波的吸收效率不同，导致解吸速率不同，形成尖锐的出口浓度曲线，据此分析解吸过程不同时段的解吸气体的组成差异，分罐收集馏出液以得到不同级别的乙醇产品。微波能够对乙醇和水进行有选择地加热，这是其他解吸再生技术所不可比拟的。

参考文献

[1] 许保玖．当代给水与废水处理原理讲义［M］．北京：清华大学出版社，1983.

[2] Bin X，Feng W，Gao－ping C，et al. Effect of carbonization temperature on microstructure of PAN－based activated carbon fibers prepared by CO_2 activation［J］. New Carbon Materials，2006，21（1）：14~18.

[3] 陈润六，陈永，钟杰，等．椰壳纤维制备活性炭纤维的研究［J］．化学工程师，2011，25（7）：1~6.

[4] 刘鹤年，黄正宏，王明玺，等．沥青基活性炭纤维的制备及其对NO的催化氧化［J］．材料科学与工程学报．2011，29（3）：327~330.

[5] 陈永，周柳红，洪玉珍，等．椰壳纤维基高比表面积中空活性炭的制备［J］．新型炭材料．2010，25（2）：151~154.

[6] 沈增民，张文辉，张学军，等．活性炭材料的制备与应用［M］．北京：化学工业出版社，2006：4~5.

[7] Laszlo K，Jose Povsti K，Tombacz E. Analysis of active sites on synthetics by various methods［J］. Analytical Sciences，2001，17：1741~1744.

[8] 吴明铂，朱文慧，张建，等．高收率黏胶基活性炭纤维的制备及其净水效果［J］．工业水处理，2012，32（1）：21~24.

[9] 马晓爽．新型高效吸附树脂的合成及其微生物固定化处理高浓度苯酚废水研究［D］．苏州大学，2013.

[10] 曾凡龙，刘占莲，韩芹，等．活性炭纤维/NiO/MnO_2复合电极的结构及其电化学性能［J］．纺织学报，2013，34（10）：1~5.

[11] Moreno－Castilla C. Adsorption of organic molecules from aqueous solutions on carbon materials［J］. Carbon，2004，42（1）：83~94.

[12] 李梁波，池涌，陈耿，等．甲苯气体的动态吸附净化及吸附剂再生实验研究［J］．环境污染与防治，2011，33（9）：70~74.

[13] 宋庆锋，张永春，李广明，等．脱除低浓度硫化氢的改性活性炭纤维的再生研究［J］．广州化学，2008，33（1）：20~25.

[14] 傅宝林，郭建维，钟选斌，等．含油废水吸附饱和活性炭纤维的电化学再生［J］．化工学报，2013，64（9）：3250~3255.

[15] You X，Chai L，Wang Y，et al. Regeneration of activated carbon adsorbed EDTA by electro-

chemical method [J]. Transactions of Nonferrous Metals Society of China, 2013, 23 (3): 855~860.

[16] 李中华，廖灵灵，何洁颖，等．活性炭管中多种有机组分解吸效率的同时测定 [J]．职业卫生与病伤，2011，26 (1)：37~39.

[17] Aliskan E, Bermudez J M. Low temperature regeneration of activated carbons using microwaves: Revising conventional wisdom [J]. Journal of Environmental Management, 2012, 102: 134~140.

[18] Foo K Y, Hameed B H. Microwave-assisted regeneration of activated carbon [J]. Bioresource Technology, 2012, 119: 234~240.

[19] 余纯丽，任建敏，傅敏，等．活性炭纤维的改性及其微孔结构 [J]．环境科学学报，2008，28 (4)：714~719.

[20] 张登峰，鹿雯，王盼盼，等．活性炭纤维湿氧化改性表面含氧官能团的变化规律 [J]．煤炭学报，2008，33 (4)：439~443.

[21] 王秀丽，盛义平．活性炭纤维的改性及对 Cu^{2+} 吸附性能影响的研究 [J]．环境科学与管理，2012，37 (5)：94~96.

[22] Seul-Yi L, Park Soo-Jin P. Determination of the optimal pore size for improved CO_2 adsorption in activated carbon fibers [J]. Journal of Colloid and Interface Science, 2012, 389 (6): 230~235.

[23] Brian Gregory McConnell. A coupled heat transfer and electromagnetic model for simulating microwave heating of thin dielectric materials in a resonant cavity [M]. Master Degree Thesis, Virginia Polytechnic Institute and State University, 1999, 7: 3~9.

[24] 唐军旺．微波辐射下 NO 转化的研究 [D]．中国科学院大连化学物理研究所博士学位论文，2001.

[25] 王鹏．环境微波化学技术 [M]．北京：化学工业出版社，2003.

[26] Mingos D M P, Baghurst D R. Application of microwave dielectric heating effects to synthetic problems in chemistry [J]. Chemical Society R eviews, 1991, 20: 1~47.

[27] Zlotorzynski A. The application of microwave radiation to analytical and environmental chemistry [J]. Critical Reviews in Analytical Chemistry, 1995, 25 (1): 43~76.

[28] Kingston H M, Jassie L B. Introduction to Microwave Sample Preparation: Theory and Practice [M]. 郭振库，译，北京：气象出版社，1992.

[29] 金钦汉．微波化学 [M]．北京：科学出版社，2001.

[30] 王绍林．微波加热原理及其应用 [J]．物理，1997，26 (4)：232~237.

[31] David E. Clark, Diane C. Folz, JonK. West. Processing materials with microwave energy [J]. Materials Science and Engineering A, 2000, 287: 153~158.

[32] 杨伯伦，贺拥军．微波加热在化学反应中的应用进展 [J]．现代化工，2001，21 (4)：8~12.

[33] Theury, J. Microwaves: Industrial, Scientific, and Medical Applications, Norwood [M]. UK: Artech House, Inc, 1992.

[34] 曹玉登．煤制活性炭及污染治理 [M]．北京：中国环境科学出版社，1995.

[35] 范延臻，王宝贞．活性炭表面化学［J］．煤炭转化，2000，23（4）：26~30.
[36] 刘守新，王岩，郑文超．活性炭再生技术研究进展［J］．东北林业大学学报，2001，29（3）：61~63.
[37] 时运铭，段书德．木质粉状活性炭的微波加热再生研究［J］．河北化工，2002，9（6）：31~32.
[38] 立本英机，安部郁夫［日］活性炭的应用技术：其维持管理及存在问题［M］．高尚愚，译编．2002：30~125.
[39] 夏祖学，刘长军，闫丽，等．微波化学的应用研究进展［J］．化学研究与应用，2004，16（4）：441~444.

2 有机废气处理及有机废气处理现状

在制药、印刷以及石油炼制等行业的生产过程中，通常会产生大量的工业废气。工业废气的排放不仅会对环境造成较为严重危害，还严重地威胁到人类的健康和发展，是一个日益迫切的环境问题。这些废气排放到大气中会对大气环境造成了较大的影响，大气环境的质量下降以及有害物质在生态环境中沉积，人类健康也受到严重的威胁，工业废气的排放已成为一个持久的、全球性的环境问题。工业废气中被称为挥发性有机废气（VOCs）的一类废气对人体健康和生态环境危害极为严重，挥发性有机废气是指在常压下沸点在260℃以下，常温下饱和蒸气压大于70Pa的挥发性有机化合物挥发到空气中所形成的废气，这类废气是工业废气中较难处理的一种[1]。在常温下，这类有机物极易挥发，而在部分挥发性有机物还具有难以降解的特点。随着现代工业的进一步发展，生产生活过程中产生的挥发性有机物的排放量还将不断地增加，并且具有范围广而且排放量大的特点。如何有效地处理挥发性有机废气已成为现代环境科学研究的一个焦点问题。

2.1 有机废气的危害及其主要来源

由于VOCs中所含多数的有机物所具有的极高的亲脂性，这类有机物被人体吸收后极易通过细胞膜存在于中枢神经系统内，而且多数有机气体被吸入进入人体代谢循环会严重影响人体生理机能，对人体造成较大伤害。随着环保意识的不断提高，人们对工业中产生废弃物的处理要求不断提高，目前国内外对一些常见的VOCs都制定了相关的排放标准。

在工业生产中VOCs来源比较广泛，从排放的源头上分类，可以分为移动排放源和固定排放源。移动排放源主要是指以燃油气为动力的交通工具燃烧不完全而产生的有机废气，这类来源具有排放源多、排放点分散以及管理难度大等主要特点，主要技术改进增强内燃机的燃烧效率以及推广清洁能源得以有效的控制；固定排放源是指除移动源外，其他如炼油、制药以及印刷等过程中VOCs排放来源。VOCs的固定排放源的类型多样、排放量大、排放源头相对集中，因此便于废气处理的开展，同时有机废气处理方式也较为多样化。

2.2 印刷行业有机废气

在印刷行业中，油墨由颜料、黏结剂以及溶剂等组成，其中溶剂为易挥发组分，溶剂挥发到空气中形成的VOCs不仅会对环境和工作环境中的操作人员产生危害，这种直接排放还在很大程度上造成资源的浪费。

在印刷行业中，有机型油墨的溶剂通常是由甲苯、二甲苯、丙酮、丁醇、乙醇等构成，印刷品干燥过程中溶剂的挥发会产生大量有机废气，废气中就包含了甲苯、二甲苯、乙醇等低沸点有机物，不同的油墨有机挥发形成的有机废气成分与含量又各不相同。随着社会经济的发展，油墨的环保要求越来越高[2]，尤其食品、医药以及出口等工业产品的印刷等对油墨环保级别的要求更为严格[3]，诸如在烟草包装行业的凹印油墨中无水乙醇作为溶剂或者主要溶剂的油墨得到了较好应用[4]。同时，随着国内环保意识的提高，环保呼声日益高涨，环保要求也随之提高，以无水乙醇作为主要溶剂的醇溶性油墨将会进一步得到推广。此外，开发有效的VOCs的处理方式也显得更为重要。

对于食品级的印刷包装，例如在烟包装的水松纸的生产工艺中，含苯油墨已被淘汰，环保性较高的醇溶性油墨得以应用。水松纸作为香烟过滤嘴外包专用纸，是卷烟生产工艺中必不可少的材料之一。现行的水松纸的生产工艺中，使用了大量的有机溶剂乙醇及少量的乙酸乙酯等作为溶剂。经过印刷工艺后，利用热空气对印刷品进行干燥，干燥成膜的过程中有机溶剂全部挥发，并与空气混合形成有机废气，然后进行排空，这种排空就导致了大量的乙醇溶剂的挥发浪费。

在印刷行业中，由于苯溶性油墨具有其抗碱、抗乙醇和水、干燥快、光泽度好以及不易造成纸张收缩等优点。同时，苯溶性油墨相比于环保型油墨还具有价格优势等优点。因此，环保型油墨含暂时还无法取代甲苯作为主要溶剂的苯溶性油墨。苯溶性油墨的使用就一定程度上带来了一些迫切需要解决的环境问题。

有效的回收再利用乙醇、甲苯以及二甲苯等有机溶剂，不仅可以达到节约资源的目的，而且大大减少直接排放有机废气对环境及人体产生的危害。

2.3 VOCs的处理现状

目前，对VOCs进行处理的方法主要有热破坏法、生物法、吸附法、冷凝法、膜分离技术以及吸收法等一系列方法[5]。热破坏法和生物法等属于消除处理，通过化学反应或生物化学反应，用燃烧或催化剂环境下氧化以及微生物等方式使有机物转变为CO_2和水以达到消除的目的；吸附、冷凝及吸收等方法则可以达到回收吸附质的目的，这类方法通常利用有机气体与空气的物性差别运用物理方法实现有机废气处理，这类方法通常是利用选择性吸附剂、改变压力和温度等物理方法对有机物与空气进行分离，从而达到对 VOCs 中有价资源进行回收利用的目的。

2.3.1 热破坏法处理 VOCs

热破坏法是指通过燃烧将有机组分氧化消除的一系列 VOCs 处理方法，热破坏法分为直接火焰燃烧和催化氧化燃烧[6]。

在热破坏法中比较具有代表性的方法是催化燃烧，这种方法适用于处理低浓度的有机废气。催化燃烧的过程比较复杂，催化燃烧通过有机物与催化剂的接触，通过与催化剂中的晶格氧与有机组分相作用，通过一系列分解、聚合以及自由基反应实现有机物的氧化。同时，催化燃烧法具有处理比较彻底、反应温度低的特点[7]。此外，催化燃烧通常可以结合吸附法对有机废气进行处理[8]。但是，由于有机废气浓度普遍较低，普通的燃烧较难实现，而且在一定浓度范围的混合气体运用燃烧法处理通常具有爆炸的危险。燃烧法的缺点是：在燃烧过程中产生的燃烧产物及反应后的催化剂往往需要二次处理；并且该法不适于处理燃烧过程中产生大量硫氧化物和氮氧化物的废气；在气体中污染物浓度低时，需加入辅助燃料，使处理成本增加。

2.3.2 生物法处理 VOCs

生物法是利用某些微生物利用有机物作为养分这一特征，通过微生物的代谢作用氧化分解废气中的有机组分，经过微生物的代谢降解可以达到消除有机废气的目的[9]。

采用生物过滤净化技术处理有机废气是近年发展起来的空气污染控制技术。国外十多年的应用结果表明，生物净化法运行成本低，能耗小，能避免污染物转移，代表着空气污染控制方法的现代技术水平。20 世纪 80 年代后期，德国在应用生物净化技术处理 VOCs 上取得成功。在荷兰、日本、瑞士、美国、澳大利亚等国家，生物净化技术均得到了广泛应用。生物净化法处理有机废气是在微生物处理废水方法基础上发展起来的。根据微生物在有机废气处理过程中的存在形式，生物法净化有机废气主要分为生物吸收法（悬浮态）和生物过滤法（固着态）两类。采用吸收法，微生物及营养物配料存在于液体中，废气中的有机物与悬浮液接触后转移到液体中，被微生物降解。采用过滤法，微生物附着在同体介质（填料）上，废气从由介质构成的固定床层（填料层）中通过时被吸附、吸收，最终被微生物降解，主要处理形式有生物过滤器（生物滤池）、生物滴滤池（滴流床固定生物过滤器）等。

该方法通过填料塔等气液接触装置可以使气体中的有机物通过传质转移到液

相内，从而使该过程转换为相对简单生物法处理有机废水的过程，同时气液接触的过程还是一个溶氧的过程，这就一定程度上为微生物分解有机物提供了氧源。理论上说，生物法处理有机废气类似于处理生物法处理有机废水，其特点是设备少、操作简单而且不需要外加营养物。此外生物法投资运行费用低，有机物去除效率高，常用于处理有机物含量低且可溶于水的有机废气；但生物法处理有机废气反应条件控制难度较大，且占地面积大。当基质浓度高时，微生物含量增长相对较快，容易造成滤料对装置的堵塞，且影响传质效果，从而影响微生物的处理效率。

2.3.3 膜分离技术处理 VOCs[10]

膜分离技术的基础就是使用对有机物具有渗透选择性的聚合物复合膜。该膜对有机蒸气较空气更易于渗透 10~100 倍。当废气与膜材料表面接触时，有机物可以透过膜，从废气中分离出来。为保证过程的进行，在膜的进料侧使用压缩机或渗透侧使用真空泵，使膜的两侧形成压力差，达到膜渗透所需的推动力。分离膜是由涂层和支撑层组成的复合膜，涂层提供分离性能，而多孔支撑层提供机械强度。涂层材料一般为具有高度选择性的聚二甲基硅烷，该层决定膜的分离性能，而支撑层也对膜的性能有重要影响。常用的支撑层材料为聚砜、聚醚砜、聚酰亚胺、聚偏氟乙烯。

最简单的膜分离过程为单级膜分离系统，直接压缩废气并使其通过膜表面，来实现 VOCs 的分离；但因为分离程度很低，故单级很难达到分离要求。

膜分离技术处理有机废气，通常是利用有机物与空气其他组分的分子大小不同或与膜材料的亲和性差异，通过半透膜的选择性透过作用将有机物与空气分离以达到处理有机废气的目的。膜分离需要较大的压力差将有机组分源源不断的压送至膜的另一侧得以回收利用，净化后的气体则在压力较高的一侧排出，应用于分离有机废气的膜材料通常是具有较大机械强度的聚合物支撑，膜分离处理有机废气通常可达到90%以上的脱除率，但对于少量的废气膜分离技术存在耗能较大的特点，适用于大量高沸点有机废气的处理。

2.3.4 冷凝法处理 VOCs

冷凝法是一种相对简单的分离方法，该方法主要是利用冷凝器在的低温高压下将有机物冷凝而分离，其有机物的脱除效率与有机物种类（主要影响混合气体的物化性质）、冷凝法的操作条件以及有机物在气体中的含量相关。

利用物质在不同温度下具有不同饱和蒸气压这一性质，采用降温、加压的方法，使气态的有机物冷凝而与废气分离。该法特别适用于处理体积分数在 1%以上的有机蒸气，在理论上可达到很高的净化程度。但当体积分数低于 0.01%时，若采取冷冻措施将使运行成本大大提高。在工业生产中，一般要求 VOCs 体积分数在 0.5%以上时方采用冷凝法处理，其处理效率在 50%~85%之间。冷凝过程可在恒定温度下用增大压力的办法来实现，也可在恒定压力的条件下用降低温度的办法来实现。利用冷凝法，能使废气得到很高程度的净化；但对废气的净化程度要求高时，室温下的冷却水往往达不到要求，净化要求愈高，所需的冷却温度愈低，必要时还得增大压力，这样就会增加处理的难度和费用。因此，冷凝法往往作为净化高浓度有机气体的前处理方法，与吸附法、燃烧法或其他净化手段联合使用，以降低有机负荷，并回收有价值的产品。

由于有机物的饱和蒸汽压随着环境温度和压力有较大变化，运用冷凝法可以通过控制混合气的温度和压力，减小有机组分的饱和蒸汽压和增大混合气中的有机组分的分压，使其中有机成分冷凝液化可以达到分离回收的目的。在浓度较高的有机废气中冷凝法能达到较高的分离回收效果，但由于通常情况下需要处理的有机废气中的有机成分含量有限，而且冷凝通常耗能较高。因此，对于低有机物含量气体，冷凝法操作难度相对较大，操作费用较高，不适于分离有机物含量较低的废气，这些缺点很大程度是制约了冷凝法的普及，但冷凝法通常适用于吸附法以及膜分离法处理后的有机物的回收。

2.3.5 吸收法处理 VOCs[11]

吸收法是采用低挥发性或不挥发性溶剂对气相污染物进行吸收，再利用有机分子与吸收剂之间物理性质的差异进行分离的气相污染物控制技术。吸收法可用来处理气体流量一般为 3000~150000m^3/h、浓度为 0.05%~0.5%（体积分数）的 VOCs，去除率可达到 95%~98%。对于特定的吸收设备，吸收剂的选择是决定有机气体吸收处理效果的关键。对于低浓度的苯类气体，20 世纪 80 年代多采用轻柴油作为吸收剂，去除率一般在 70%左右。吸收法处理苯类有机废气的原理主要是利用苯类能与大部分油类物质互溶的特点，用高沸点、低蒸气压的油类作为吸收剂来吸收废气中的苯类有机物。合肥工业大学李湘凌等采用复合吸收液（成分为水、无苯柴油、添加乳化剂 MOA 的邻苯二甲酸二丁酯和多肽 DH27）处理低浓度苯类气体，处理效果明显好于传统的吸收液，去除率大于 85%。有文献报道，采用硅油吸收苯类有机气体，并进行蒸馏回收，处理效果非常好。近年来，日本有人利用环糊精作为有机卤化物的吸收剂，这种吸收剂具有无毒、无污染、高解吸率、节省能源和可反复使用的特点。

由于 VOCs 的水溶性差，吸收法处理有机废气主要利用 VOCs 中的有机组分能与不易挥发的大部分油类物质互溶的特性。该过程通常选择低蒸汽压、高沸点的油类物质作为吸收剂，通过两相接触对有机成分进行吸收，以达到净化废气的目的。但由于吸收剂成本较高、吸收剂分离再生能耗高，吸收法更多的运用于能溶于水或酸碱盐水溶液的无机废气的处理。利用乳化液膜对吸收液中的水和有机物进行分离，一定程度上解决了吸收法中水作为吸收剂溶解度较低的弊端[12]。

吸收法的优点是工艺流程简单、吸收剂价格便宜、投资少、运行费用低，适用于废气流量较大、浓度较高、温度较低和压力较高情况下气相污染物的处理，在喷漆、绝缘材料、黏接、金属清洗和化工等行业得到了比较广泛的应用；其缺点是对设备要求较高，需要定期更换吸收剂，同时设备易受腐蚀。

2.3.6 电晕法处理 VOCs

电晕放电法处理有机废气是20世纪90年代初期提出的一种新技术。一般认为，脱除机理可分为气体放电和化学反应两方面，通过陡前沿、窄脉宽的高压脉冲电晕放电，在常温常压下获得非平衡等离子体，即产生大量的高能电子和O、OH等活性粒子。这些活性粒子和被处理气体分子发生化学反应，最终使污染物质分解。

已经有很多研究者利用电晕法处理各种有机废气，并且取得了较好的去除效果，利用电晕法处理低浓度的三氯乙烯废气（TCE）研究发现，在催化剂（V_2O_5/TiO_2 或 WO_3/TiO_2）存在下，能显著促进TCE的降解。采用介质阻挡放电法去除气流中的三氯乙烷（TCA），研究结果表明，气体相对湿度对去除率、副产物的生成、产物中 CO/CO_2 及反应器中能量密度有显著的影响。在湿度很低时，TCA的去除率达到了99.9%，有机物几乎完全被降解。Park[13]等（2003）则比较了针板式、金属填料式（MPR）、有孔介质阻挡放电式（DBH）3种电晕反应器对 CF_4 去除效果的影响。研究发现，较之于其他两种反应器，有孔介质阻挡放电反应器对 CF_4 去除效果最好，在CF4浓度为500mg/m^{3}时，降解率超过了95%. 黄立维[14]等（1998）从电晕反应器的电性能角度分析了有机废气在线筒式、线板式和针板式3种电晕反应器去除率高低的原因。这些研究取得的成果已表明电晕法用于有机废气的治理有着广阔的发展空间。

许多研究发现，电晕法处理有机物时分解得到的产物十分复杂，这是由于非平衡等离子体化学反应难于控制造成的。目前，理论上认为电晕法处理过程通常分为放电和化学反应两个阶段，通过陡前沿、窄脉宽的高压脉冲电晕放电，从而产生高能电子以及O·和OH·等活性粒子，这些粒子与气体中的有机物相作用发生化学反应而达到处理有机废气的目的[15]。

2.3.7 光催化氧化处理 VOCs

自1972年FujiShima和Honda[16]发现了在受辐照的 TiO_2 上可以持续发生水的氧化还原反应并产生氢以来，半导体光催化得到了进一步的研究。探明半导体表面所引发的光催化反应，对于控制光化学反应过程和污染治理都具有深远的意义。

用于光催化的半导体纳米粒子有 TiO_2、ZnO、Fe_2O_3、Cds、WO_3 等[17]。Cds的禁带宽度较窄。对可见光敏感，它起催化作用的同时晶格硫以硫化物和 SO_3^{2-} 的形式进入溶液中。研究发现，禁带宽度大的金属氧化物具有抗光腐蚀性，更具有实用价值。ZnO 比 TiO_2 的催化活性高，但与 Cds 相似也自身发生光腐蚀。α-Fe_2O_3 可吸收可见光，激发波长为560nm，但是催化活性较低，WO_3 催化活性很低。Karmaan 比较了 TiO_2、ZnO 与 Fe_2O_3 的光催化活性，发现 TiO_2、ZnO 对于氯代烃有较高的光催化活性，而 α-Fe_2O_3 却不能使其降解。因此，TiO_2 是目前公认的光反应最佳催化剂，TiO_2 以其价廉无毒、催化活性高、氧化能力强、稳定性好而最为常用。目前较通用的 TiO_2 纳米粒子是 Degussa P-25 型 TiO_2 粒子，它由70%锐钛矿型和30%金红石型组成，粒子呈球状，粒径 30nm，表面积 $50m^2/g$。纯度高于 99.5%。TiO_2 可使有机污染物降解到 CO_2、H_2O 或其他离子如 Cl^- 等，并且在太阳光波长范围内即可起作用，其分解速度快、除净度高、应用前景广阔。TiO_2 参与的复相光催化反应是在液-固或气-固界面上进行的。

前些年复相光催化反应研究主要集中于液-固相反应，对于气-固相反应则研究得较少。实际上，气相污染物中很大一部分属于挥发性有机物 VOCs。VOCs 与 NO_x、SO_x 和颗粒物一起被认为是城市和工业区大气中主要的污染物，它的释放对于城市烟雾的形成，对于平流层臭氧的破坏和温室效应均有影响，对于公众健康也引起了不同程度的损害。所以，近年来对于 VOCs 的去除已引起了相当的关注。去除 VOCs 的主要困难在于其浓度低（mg/m^3），这使得一些控制技术花费多且困难，而气相光催化氧化对于去除 VOCs 有其潜在优势。对于使用 TiO_2 进行有机物的气-固复相光催化氧化已研究过烷烃、醇、醛、酮、芳香族化合物和卤代物。在研究中对不同因素的影响，如光源的选择、反应器的设计、TiO_2 的制备、反应物浓度、O_2 浓度、水蒸气浓度、TiO_2 的失活与再生等进行了分析，有的对中间物种给予了鉴定。探讨了反应动力学及反应机理，给出速率方程。气-固复相光催化反应有其优点：（1）气相反应在常温常压下进行，以大气中的氧气作为氧化剂，去除效率高；（2）气相反应不受溶剂分子的影响并且气相中允许进行基本的反应机制的测量；（3）气相反应可以使用能量较低的光源。如使用荧光黑光灯作为光源，进入反应器的光通量通常比相应的液相氧化过程低三个数量级；（4）气相反应速度快，且光利用效率高，因此很容易实现完全氧化，量子产率高。Dibble 等报道涂于 Al_2O_3 泡沫上的、P-25 光催化剂可使三氯乙烯（TCE）光催化氧化总的量子产率达到 0.5~0.8。采用溶胶-凝胶法，得到的 TiO_2 对 TCE 的降解可使量子产率达到 0.4~0.9，TCE 的转化率为 99.3%，而 TCE 的液-固相反应量子产率一般低于 0.01；（5）气相中高的分子扩散速率便于质量传输及进行链反应。据报道 TCE 的气相光催化降解就是通过 a 原子自由基进攻 TCE

引发了一系列链反应而完成的。

2.3.8 吸附法处理 VOCs

吸附法主要是运用吸附剂的吸附作用选择性的去除 VOCs 中的有机组分，以达到净化的目的。

目前，常用于处理 VOCs 吸附的吸附剂主要有活性炭、分子筛、沸石、活性氧化铝、多孔黏土矿石以及高聚物吸附树脂等。吸附法处理有机气体时，不仅需要根据不同的被吸附物质以及吸附环境选择适当的吸附剂，在条件允许的情况下还需要对吸附条件进行一些优化和控制。

相比于其他方法，吸附法具有较高的经济性，该方法不仅可以有效地脱除气体中的有机成分，还能对其中的有回收利用价值的成分进行回收再利用。国内外，不少专家学者做了有机气体的吸附性能、吸附条件以及吸附剂的再生方法相关的研究。其中，Kai-uwe G[18] 等探究了刚玉等几种矿物对有机气体的表面吸附，论述了温度、湿度等一些环境条件对吸附的影响。Chi F 等[19] 运用废弃玉米秆做了对乙醇吸收的研究，对废弃物的利用做了一些探讨。Lillo-Ródenas M A 等[20] 探讨了不同孔结构的活性炭吸附低浓度的挥发性有机气体的吸附量的影响。Huang H 等[21] 研究了有机物的气相浓度成分等对吸附法处理有机废气的影响。此外，对于吸附剂的有效利用，由于吸附剂可以进行再生和再利用经济可行，吸附剂的再生也值得做一些较为深入的探讨和研究。

此外，其他一些新兴的方法如中空纤维膜生物反应器等方法处理 VOCs 废气也得到一定开发和运用。乔婷等[22] 采用聚偏氟乙烯中空纤维膜生物反应器（PVDF）处理二甲苯、乙酸乙酯等 VOCs 废气，控制时间为 10s，处理单一的二甲苯时，二甲苯进口浓度可达到 $1882mg/m^3$ 时，降解效率可达到 69%，生化降解量可达到 $469.7g/(m^3 \cdot h)$；处理单一的进口浓度为 $1944mg/m^3$ 的乙酸乙酯时，降解效率可达到 80%，生化降解量 $559.9g/(m^3 \cdot h)$。

参考文献

[1] Atkinson R, Arey J. Gas-phase tropospheric of chemistry biogenic volatile organic compounds: areview [J]. Atmospherie Environment, 2003, 37 (2): 197~219.

[2] 金振华. 环保型水性油墨的研发与市场展望 [J]. 天津化工, 2002, 1: 33~34.

[3] Dupakova Z, Doblas J, Votava L, et al. Occurrence of extractable ink residuals in packaging materials used in the Czech Republic [J]. Food Additives and Contaminants Part A: Chemistry Analysis Control Exposure & Risk Assessment, 2010, 27 (1): 97~106.

[4] 罗英, 杨恒. 新型烟包凹印醇溶性油墨的特性分析 [J]. 印刷世界, 2010, 4: 4~6.

[5] 唐运雪．有机废气处理技术及前景展望［J］．湖南有色金属，2005，21（5）：31~35.

[6] 尚静，杜尧国，徐自力．TiO_2 纳米粒子气-固复相光催化氧化 VOCs 作用的研究进展[J]．环境污染治理技术与设备，2000，1（3）：67~81.

[7] Gonzflez-Velasco J R，Aranzabal A，Gutirrrez-Ortiz J I，et al. Activity and product distribution of alumina supported platinumand palladium catalysts in the gas-phase oxidative decomposition of chlorinated hydrocarbons［J］. Applied Catalysis B：Environmental，1998，19：189~197.

[8] 刘晖，孙彦富，苏建华，等．利用吸附-催化燃烧法处理喷漆产生的有机气体［J］．广州化工，2009，37（1）：112~117.

[9] 秦朝远，乔彤森．生物法处理气体中易挥发性有机物研究进展［J］．石化技术与应用，2006，24（1）：49~53.

[10] 阎勇．膜分离技术在有机废气处理中的应用［J］．现代化工，1998，18（11）：19~22.

[11] 李守信，宋剑飞，李立清，等．挥发性有机化合物处理技术的研究进展［J］．化工环保．2008，28（1）：1~6.

[12] 王浩，梅敏雅，金一中．乳化液膜法对模拟乙酸乙酯废气吸收的研究［J］．浙江大学学报，2011，6（38）：663~667.

[13] Park J Y，Jung J G，Kim J S，et al. Effect of non - therm alplasm areactor for CF_4 decomposition Part 2［J］. IEEE Transactions on Plasma Scien ce，2003，31（6）：1349~1354.

[14] 黄立维，谭天恩．三种结构反应器去除有机废气比较［J］．电工电能新技术，1998，1：61~63.

[15] 黄立维，林鑫海，顾巧浓，等．电晕-吸收法治理甲苯废气实验研究［J］．环境科学学报，2006，1（26）：17~21.

[16] FujiShima. A.，Honda. K. Nature［J］1972，238（5358）：37~38.

[17] 郑红．汤鸿霄，壬恰中．环境科学进展［J］．1996，4（3）：1~18.

[18] Kai-uwe G，Steven J E. Adsorption of VOCs from the gas phase to different minerals and mineral mixture［J］. Environmental Science & Technology，1996，30（5）：2135~2142.

[19] Chi F，Chen H. Absorption of ethanol by steam-exploded corn stalk［J］. Bioresource Technology，2008，100（3）：1315~1318.

[20] Lillo-Ródenas M A，Cazorla-Amorós D，Linares-Solano A. Behaviour of activated carbons with different pore size distributions and surface oxygen groups for benzene and toluene adsorption at low concentrations［J］. Carbon，2005，43（8）：1758~1767.

[21] Huang H，Haghighat F，Blondeau P. Volatile organic compound（VOC）adsorption on material：influence of gas phase concentration，relative humidity and VOC type［J］. Indoor Air，2006，16（3）：236~247.

[22] 乔婷，王震文，修光利，等．中空纤维膜生物反应器处理 VOCs 废气［J］．环境科学与技术，2014（4）：145~149.

3 实验仪器、药品、方法及实验装置

3.1 实验仪器、药品

本实验所使用的主要仪器和试剂见表 3-1 和表 3-2。

表 3-1 实验仪器

仪器名称	规格型号	生产厂家
家用微波炉	WP800	格兰仕微波炉电器有限公司
石英玻璃管	ϕ30mm×200mm	宝盛石英制品有限公司
磁力加热搅拌器	JB-3	上海雷磁仪器厂
循环水式真空泵	SHZ-D（Ⅲ）	巩义市英峪予华仪器厂
气相色谱仪	GC8000	合肥科普分析仪器有限公司
电热恒温干燥箱	DHG-9140A	上海普渡生化科技有限公司
转子流量计	LZB-4	江阴市科达仪表厂
电子天平	AL204	梅特勒-托利多仪器有限公司
电热恒温水浴锅	HH-S2	上海普渡生化科技有限公司
红外光谱仪	LET-IMPACT-400	美国
电镜扫描仪	XL30 ESEM-TMP	荷兰
X 射线衍射仪	D8 ADVANCE	德国
压力表	Y-60	上海江云仪表厂
数显温度指示仪	101XMZ	上海仪川仪表厂
铠装热电偶	WRNK-101	上海仪川仪表厂

表 3-2 化学试剂

试剂名称	纯　度	生产厂家
甲苯	A. R	重庆川东化学试剂厂
无水乙醇	A. R	国药集团化学试剂有限公司
硫酸铜	A. R	国药集团化学试剂有限公司
硫酸钠	A. R	国药集团化学试剂有限公司
氮气	工业级	昆明石头人气体有限公司

续表 3-2

试剂名称	纯 度	生产厂家
活性炭纤维	工业级	江苏苏通碳纤维有限公司
硫酸亚铁	A.R	国药集团化学试剂有限公司
亚甲蓝	A.R	天津市风船化学试剂科技有限公司
重铬酸钾	A.R	天津市风船化学试剂科技有限公司
硫酸	A.R	重庆川东化学试剂厂
碘化钾	A.R	天津市大茂化学试剂厂
硫代硫酸钠	A.R	成都市科龙化工试剂厂
磷酸二氢钾	A.R	成都市科龙化工试剂厂
磷酸氢二钠	A.R	天津市大茂化学试剂厂
可溶性淀粉	A.R	天津市大茂化学试剂厂
盐酸	A.R	重庆川东化学试剂厂
锡酸钠	A.R	无锡展望化工试剂有限公司
硫酸铵	A.R	天津市大茂化学试剂厂

为了选择出综合性能较好的活性炭纤维作为实验样品及今后实际应用的活性炭纤维吸附原料，我们从国内几个主要生产厂家得到了他们生产的活性炭纤维样品，并测定了它们的吸附性能，其结果如表 3-3 所示。

表 3-3 不同厂家生产的活性炭纤维吸附性能 (mg/g)

生产厂家	吸附性能		
	碘吸附值	亚甲基蓝吸值	苯吸附值
江苏苏通碳纤维有限公司	1200	246	457
上海瀛成碳纤维有限公司	1275	160	328
秦皇岛紫川纤维有限公司	1187	175	375

通常情况下，如何评价一种活性炭纤维的吸附性能。主要是通过对活性炭纤维对活性炭纤维的碘、亚甲蓝和苯吸附值的研究来实现的。这也是评价活性炭纤维对不同状态的吸附质吸附能力的指标。由于碘吸附值与一个吸附剂的比表面积值相当，并且其值大小能够反映出孔径大于1nm 以上孔的数量。所以，评价吸附剂表面积大小的指标通常用碘吸附数值来表示。苯吸附值反映出微孔的数量，即孔径大于 0.55nm 的孔，通常用来评价吸附剂对气态分子吸附性能。而亚甲基蓝吸附值一般可以反映出中孔的数量，即孔径大于 1.5nm 的孔，可以反映出一种吸附剂对液态分子的吸附性能。根据表 3-3 我们可以看出，这三家厂商生产的活性炭纤维的碘吸附值均较高，且都相差不大。但是，亚甲基蓝与苯吸附数值却有着较大的差别。除江苏苏通碳纤维生产的活性炭纤维具有较高的亚甲基蓝与苯吸附值外，其余两家厂商的活性炭纤维的苯吸附值都是比较高的。但是，亚甲基蓝吸

附值相对于讲苏通碳纤维有限公司生产的活性炭纤维的亚甲蓝吸附值则相差较大。也就是说，它们的微孔是比较发达的，对气体分子的吸附能力较强，而对液体分子的吸附能力相对较差。除此以外，通过观察这三种活性炭纤维样品的外观形貌，江苏苏通碳纤维有限公司生产的活性炭纤维机械强度高、表面柔软。由于活性炭纤维的机械强度越大，其使用寿命越长。因此，在活性炭纤维的选择过程中力学性能是一个重要因素。所以，综合考虑活性炭纤维的吸附性能、外观形貌及力学性能等因素，我们选择江苏苏通碳纤维有限公司生产的活性炭纤维作为实验样品。实验选用的活性炭纤维是由江苏苏通碳纤维有限公司所生产的粘胶基活性炭纤维，其相关物性参数见表 3-4。

表 3-4 粘胶基活性炭纤维的相关物性参数

品名	规格/mm	比表面积/$m^2 \cdot g^{-1}$	碘吸附值/$mg \cdot g^{-1}$	苯吸附/$mg \cdot g^{-1}$
活性炭纤维毡	3	1500	900	420

活性炭纤维经手工裁剪成和吸附柱直径相当的圆片，然后在 105℃下烘干至恒重，储存于干燥器中备用。

3.2 实验装置

微波解吸部分装置见图 3-1。

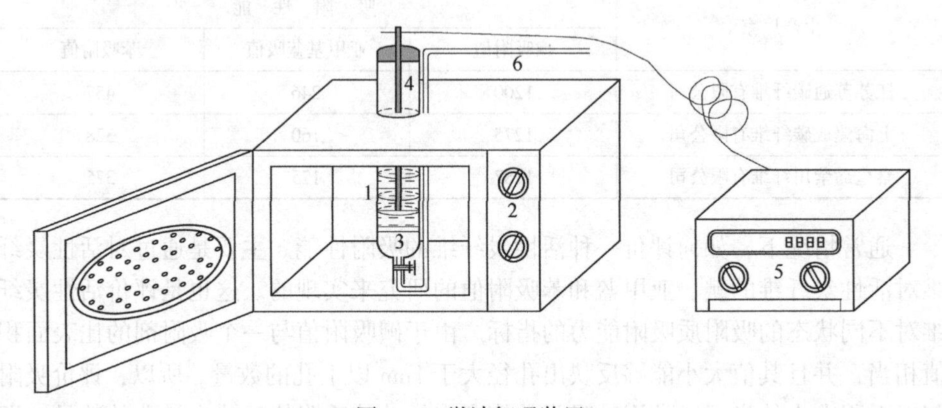

图 3-1 微波解吸装置

本次解吸部分实验是用家用微波炉作为解吸的微波源。由于家用微波炉在实验过程中存在诸多不便，必须对微波炉进行改造。为了符合本次实验的要求，将微波炉上壁开圆孔，孔径以能放下石英管为宜。特制的石英玻璃管从孔中插入微波炉体内，石英管上下连接有玻璃管道。

在研究中，反应器的选择是十分必要的。因为，在活性炭纤维再生的过程中，温度较高才能使活性炭纤维得到完全再生，这必然要使反应器能耐高温。其次要求反应器能被微波所穿透，但又不吸收微波。这是因为需要再生的活性炭纤维被置于反应器中，要使其能够吸收微波达到升温再生的目的，反应器必然不能对微波产生阻挡作用。因此，和普通的再生方法不同的是，微波再生必须选择合适的材料来制作反应器。

对于不需要高温条件的化学反应来说，在微波下进行时可以选择聚四氟乙烯或玻璃材质的反应器。但是需要高温条件的活性炭纤维再生过程，不宜选用普通的玻璃反应器，这是因为普通玻璃管在500℃左右即开始变形，此时的活性炭纤维并未得到完全再生，无法满足进一步升温需求。基于以上考虑，本次实验选用石英玻璃来加工再生反应器，采用ϕ30mm×200mm石英玻璃管作为再生反应器。

填料塔内气流的初始分布对填料塔的分离效率有重大影响，如果气相偏流，会大大降低填料塔的分离效率。双列叶片式气体分布器作为一种重要的气体分布器，在填料塔中广泛使用，其特点是先将气体沿水平方向分布，然后向上流动，在塔内的占位较低，安装方便，金属用量少。双列叶片式气体分布器见图3-2。

因活性炭纤维质量较轻，如果进入反应器中的气流过大，活性炭纤维吹起，影响活性炭纤维对乙醇的吸附。因此，需要在活性炭纤维填料上下两端加装填料紧压栅板，同时下端栅板也起到了固定填料的作用。填料紧压栅板如图3-3所示。

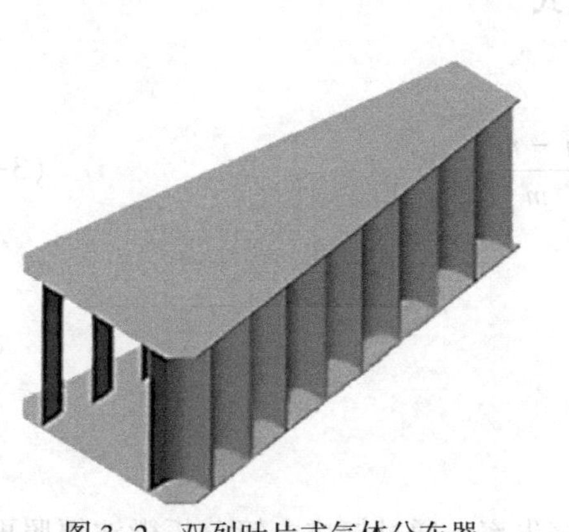
图3-2 双列叶片式气体分布器

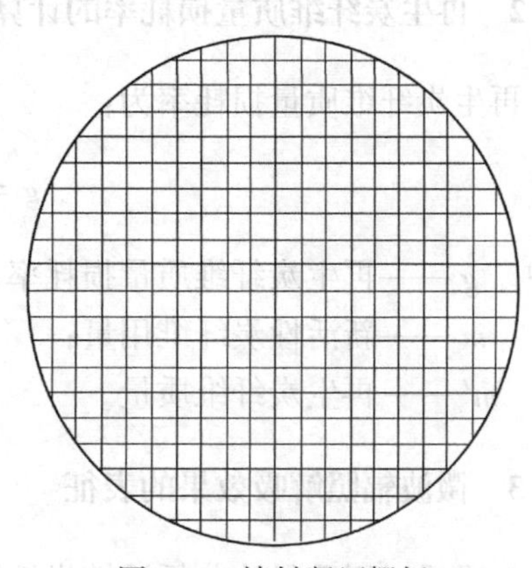
图3-3 填料紧压栅板

3.3 主要分析测定方法

3.3.1 活性炭吸附和解吸的测定方法

采用重量法计算活性炭纤维吸附有机气体的吸附量。即气体中有机物浓度稳定后，将气体通入内装活性炭纤维的吸附柱，定时测量在柱内被吸附的有机物质量，按下列公式计算活性炭纤维吸附有机气体的吸附量。

活性炭纤维吸附乙醇的吸附量计算方法：

$$q = \frac{M}{W} \tag{3-1}$$

式中 q——活性炭纤维的吸附量，$mg \cdot g^{-1}$；

M——在吸附柱内吸附的有机物的质量，mg；

W——活性炭纤维的用量，g。

本实验载乙醇活性炭的解吸率及再生炭的质量损耗率用重量法鉴定，活性炭纤维、再生炭纤维、饱和载乙醇活性炭纤维及解吸后活性炭纤维的称重均使用精度为0.0001g的电子天平，精确至0.0001g。

解吸率的计算公式为：

$$q = \frac{m_0 - m_1}{m_0} \tag{3-2}$$

式中 q——载乙醇活性炭纤维的解吸率；

m_0——饱和活性炭纤维上吸附质的总质量；

m_1——解吸后活性炭纤维上吸附质的总质量。

3.3.2 再生炭纤维质量损耗率的计算公式

再生炭纤维质量损耗率为：

$$g = \frac{m - m'}{m} \tag{3-3}$$

式中 g——再生炭纤维质量损耗率；

m——新活性炭纤维用量；

m'——再生炭纤维质量。

3.3.3 微波辐照解吸效果的表征

解吸后运用重量法分析活性炭纤维烧失率，通过扫描电镜分析微波辐照再生对活性炭纤维性能的影响，利用气相色谱仪测定解吸液的组成，通过SEM，FTIR，XRD这一系列分析手段表征微波辐照解吸的效果。

当二氧化碳为活化剂时，反应式可表示为：

$$C+CO_2 = 2CO+C_{x-1}$$

当水蒸气为活化剂时，反应式可表示为：

$$C_x+H_2O = H_2+CO_2+C_{x-1}$$

3.4 微波泄露的防护方法

3.4.1 常用的微波防护方法

人体所处环境的微波辐射强度超过一定限度时，或产生累积效应时，会对人体健康产生不良影响，甚至造成伤害。通过国内外的医学调查和大量实验研究证明，微波辐射可造成广泛的生物损伤效应，其对人体生殖系统和眼部的危害极大，因此必须采取措施对微波辐射进行防护。一般的微波辐射防护措施主要有以下几种：

（1）距离防护。随着距离的增加，微波能的衰减也会增大。因此对工作位置与辐射源之间的距离进行增大，通过线控或遥控等操作方式，可以有效地减少操作人员受到的微波辐射的影响。

（2）屏蔽与接地。屏蔽是微波辐射防护中比较有效的方法。金属网或板材对电磁辐射具有反射和吸收作用，因此用金属网或板材将辐射源进行封闭，可以有效地降低空间微波辐射的强度，达到防护效果。近年来出现一种新材料—金属丝纤维混纺布，将不锈钢纤维加入到纺织品中后，并将纺织品在3M~1GHz微波频段测试，微波能衰减值可达25~35dB。因此，金属丝纤维混纺布可以有效地衰减微波能的强度。接地法是将辐射源的屏蔽体通过感应产生的射频电流由地极导入地下，以免造成二次辐射源。

（3）吸收法防护。吸收法防护是根据谐振原理，选择合适的具有吸收微波辐射能的材料，通过对微波能的吸收使泄漏的能量衰减，并转化为热能。

（4）个体防护与减源防护。个体防护：为避免接触者过度暴露而造成人体损伤，当接触高功率的微波辐射时，工作人员可以穿戴防护服，防护眼镜等防护品。

减源防护：随着科学技术的发展，通过技术手段减少辐射源向空间辐射的强度，来降低接触者所吸收的辐射剂量。

3.4.2 本实验采取的微波防护措施

本书实验所用的微波辐射源是将家用微波炉改造而成的，如果处理不当很可能会造成微波泄漏。为了最大限度地减小微波泄漏，应采取以下措施：

（1）根据1/4波长原理，将石英管的孔径限制为3.12cm，即$\lambda/4$。

（2）将露在微波炉外的一部分石英管用直径比石英管稍大的金属管封闭，以使微波尽可能在传播中衰减，并使金属管接地。

（3）孔口缝隙用不锈钢纤维完全填充。

（4）采用单点接地与多点相结合的方法，即通过较粗的电缆与大地良好接触，装置各部分与电缆形成多点连接。

4 活性炭纤维对含乙醇印刷有机废气处理

有机废气是指在生产过程中产生的含有挥发性的化合物的废气。在印刷行业中，有机废气主要是由油墨的使用所造成的。这些油墨主要是溶剂型油墨，其油墨用的溶剂主要是乙醇。在印刷过程中，油墨被转移到产品表面，通过干燥，使产品表面油墨中的有机溶剂挥发，从而产生有机废气。有机废气的排放不仅使环境造成污染，也对工人和人民群众的身体健康造成危害；而且造成了有机溶剂的浪费，增加了印刷企业的经济负担，影响了企业的经济效益。因此，有效的回收印刷废气中的乙醇，使其循环利用，对实现印刷行业的节能降耗和清洁生产具有重要意义与作用。

本研究包括活性炭纤维吸附、活性炭纤维氮气氛围解吸、活性炭纤维真空条件解吸和活性炭纤维改性四部分，方案流程如图 4-1 所示。

4.1 活性炭纤维对含乙醇印刷有机废气吸附研究

4.1.1 实验流程

本实验系统的主要组成部分是配气系统、流量计、缓冲器、活性炭纤维吸附柱。实验中活性炭纤维吸附柱是由内径为 30mm，长为 200mm 的玻璃管制作。以空气作载气，通过装有无水乙醇的锥形瓶，采用鼓泡法使室温下的乙醇气体以一定流速进入吸附柱，称量活性炭纤维吸附对乙醇的吸附量。实验装置及流程如图 4-2 所示。

将吸附过程阀门打开，然后打开鼓风机 1，将乙醇废气输送到反应装置中，经过缓冲罐 3 的缓冲进入微波能应用器 6 中，并通过转子流量计 2、4 控制乙醇废气的流量。乙醇废气经过微波能应用器 6 中的填料 5 吸附后进行检测，如果达到标准，则排放到大气中；如果没有达到排放标准，则进行循环吸附直到达到排放标准。

4.1.2 实验结果与讨论

4.1.2.1 空气流量对活性炭纤维吸附量的影响

在吸附柱中装填 1g 120℃恒温烘干的活性炭纤维，调节不同的气体流量，以空气为载气使乙醇饱和气体通过吸附柱，气体流量对活性炭纤维吸附乙醇平衡吸

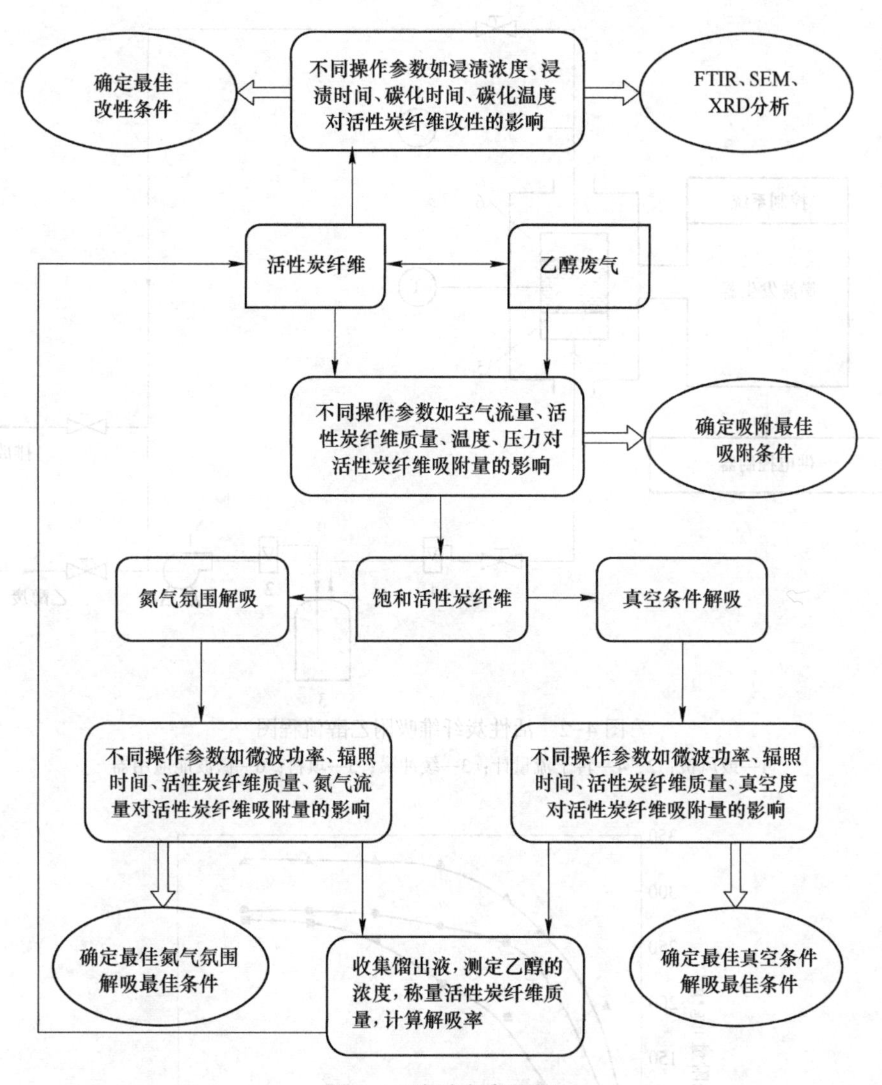

图 4-1 实验方案流程

附量的影响如图 4-3 所示。

由图 4-3 可以看出，当气体流速为 0.5L/min，活性炭纤维的最大吸附量为 273.8mg/g，达到饱和吸附的时间约为 50min。当气体流速为 1L/min 和 1.5L/min 时，活性炭纤维的最大吸附量分别为 282.1mg/g 和 327.4mg/g，达到饱和吸附的时间分别为 40min 和 30min。可见，随着气体流速的增大，活性炭纤维对乙醇的吸附容量有比较明显的增加，达到饱和吸附的时间缩短。这可能是因为气体流量大，单位时间内进入吸附柱的乙醇越多，活性炭纤维吸附饱和的越快。所以，应该选取 1.5L/min 为实验流量。

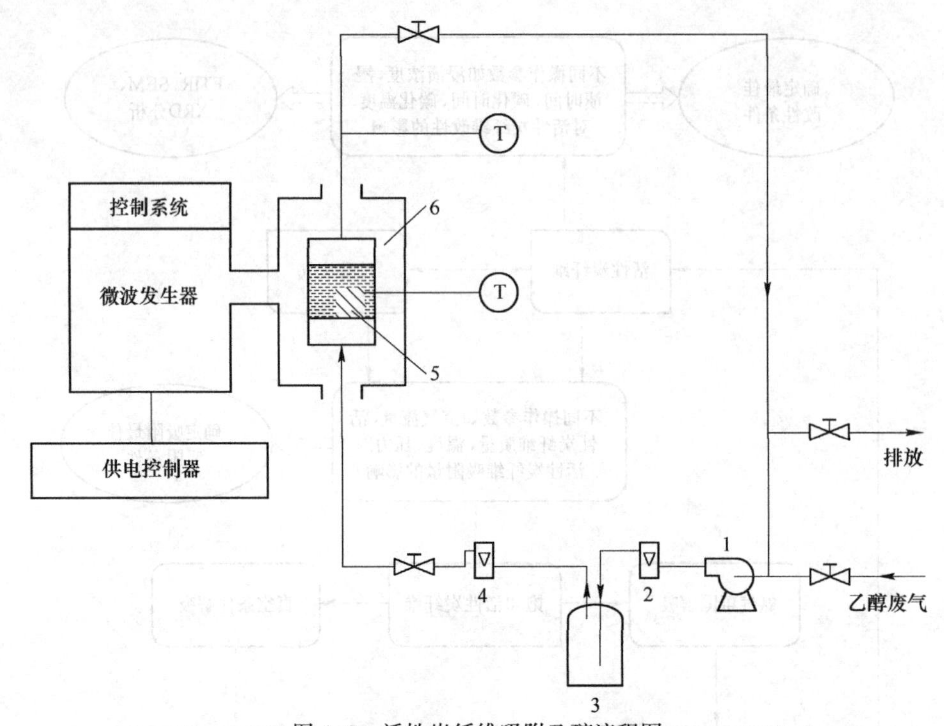

图 4-2 活性炭纤维吸附乙醇流程图

1—鼓风机；2，4—转子流量计；3—缓冲罐；5—填料；6—微波能应用器

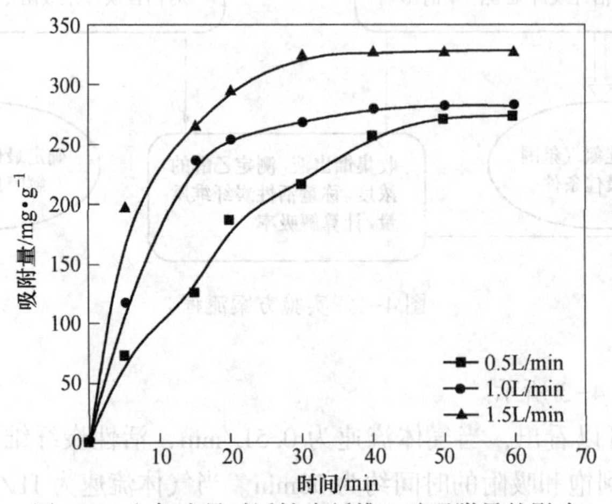

图 4-3 空气流量对活性炭纤维乙醇吸附量的影响

4.1.2.2 活性炭纤维质量对吸附量的影响

在吸附柱中装填不同质量的活性炭纤维，在上述选取的气体流量下，以空气为载气使乙醇饱和气体通过吸附柱，活性炭纤维质量对活性炭纤维吸附乙醇平衡吸附量的影响如图 4-4 所示。

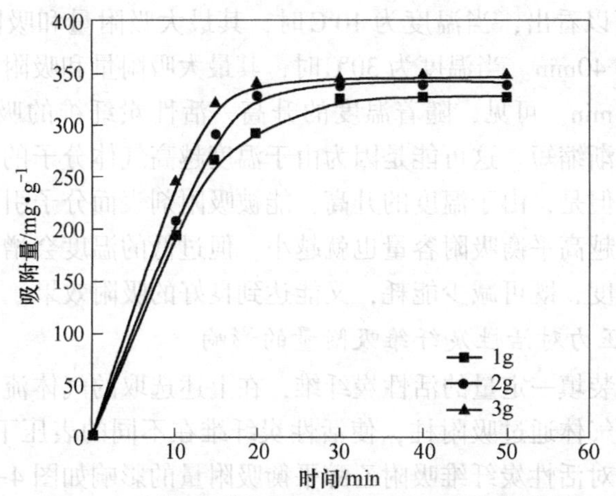

图 4-4 活性炭纤维质量对其乙醇吸附量的影响

由图 4-4 可以看出，当活性炭纤维质量为 1g 时，其最大吸附量为 327.5mg/g，达到饱和吸附的时间约为 30min。当活性炭纤维质量为 2g 和 3g 时，其最大吸附量分别为 341.7mg/g 和 346.1mg/g，达到饱和吸附的时间都为 30min。可见，随着活性炭纤维质量的增加，其对乙醇的吸附量也随着增加，但达到饱和吸附的时间却基本一样。虽然随着活性炭纤维质量的增加，其对乙醇的吸附量也随着增加，但是当活性炭纤维质量为 2g 和 3g 时，其吸附量相差的并不是很大。所以，从节约吸附剂及吸附效果看，活性炭纤维用量为 2g 时是最佳选择。

4.1.2.3 温度对活性炭纤维吸附量的影响

在吸附柱中装填一定量的活性炭纤维，在上述选取的气体流量下，以空气为载气使乙醇饱和气体通过吸附柱，使活性炭纤维在不同的温度下吸附乙醇气体。活性炭纤维质量对活性炭纤维吸附乙醇平衡吸附量的影响如图 4-5 所示。

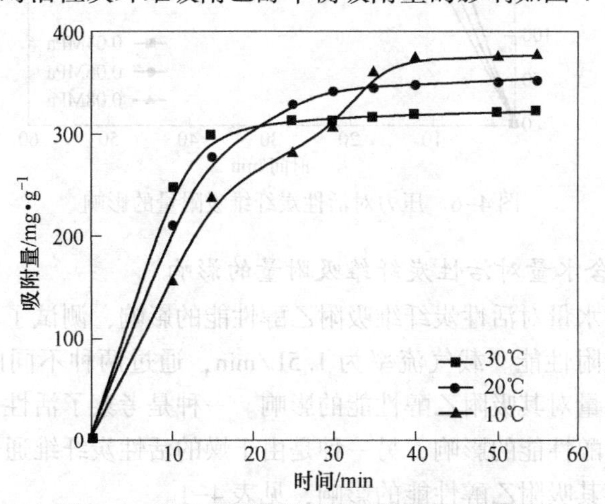

图 4-5 温度对活性炭纤维乙醇吸附量的影响

由图4-5可以看出，当温度为10℃时，其最大吸附量和吸附饱和时间分别为375.1mg/g和40min。当温度为30℃时，其最大吸附量和吸附饱和时间分别为320.2mg/g和25min。可见，随着温度的升高，活性炭纤维的吸附量逐渐降低，饱和吸附时间逐渐缩短。这可能是因为由于温度越高气体分子的动能越大，使得吸附速率加快。但是，由于温度的升高，能被吸附剂表面分子引力束缚的分子就越少，因而温度越高平衡吸附容量也就越小。但过低的温度会增加能耗，所以选择常温为吸附温度，既可减少能耗，又能达到良好的吸附效果。

4.1.2.4 压力对活性炭纤维吸附量的影响

在吸附柱中装填一定量的活性炭纤维，在上述选取的气体流量下，以空气为载气使乙醇饱和气体通过吸附柱，使活性炭纤维在不同的表压下吸附乙醇气体。活性炭纤维质量对活性炭纤维吸附乙醇平衡吸附量的影响如图4-6所示。

当温度一定时，活性炭纤维的吸附能力随压力的升高而增大，当压力升到一定值时，活性炭纤维的吸附能力达到饱和，往后再增加压力吸附量也不再增加。由图4-6可以看出，当压力为0.004MPa时，其最大吸附量为310.3mg/g；当压力为0.08MPa时，其最大吸附量为398.4mg/g。可见随着压力的升高，活性炭纤维的吸附量也随着升高。所以选择0.08MPa为实验条件。

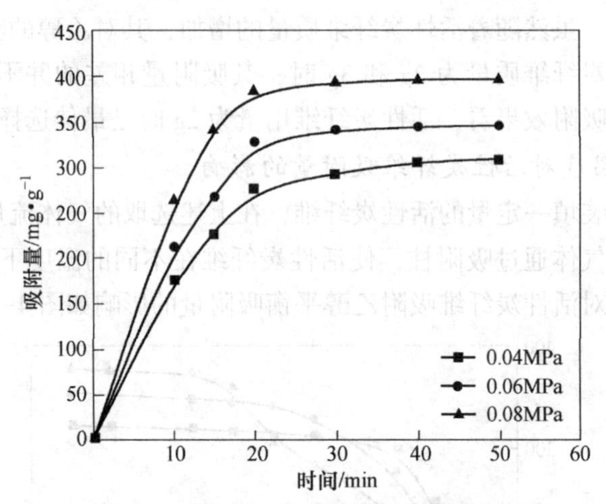

图4-6 压力对活性炭纤维吸附量的影响

4.1.2.5 含水量对活性炭纤维吸附量的影响

为了考察含水量对活性炭纤维吸附乙醇性能的影响，测试了不同乙醇浓度下活性炭纤维的吸附性能。载气流率为1.5L/min，通过两种不同的方式探讨了活性炭纤维的含水量对其吸附乙醇性能的影响。一种是考察了活性炭纤维原有的含水量对其吸附乙醇性能的影响，另一种是由干燥的活性炭纤维通过吸附水蒸气增加的水分来考察其吸附乙醇性能的影响，见表4-1。

表 4-1 含水量对乙醇吸附效果影响表

样品名称	含水量/%	饱和吸附量/mg·g^{-1}	饱和吸附时间/min
乙醇	75	365.8	30
	85	383.2	30
	99.7	398.4	20
活性炭纤维	0	398.4	20
	9.54	374.2	35
	18.74	346.9	50

由表 4-1 可以看出，当乙醇中的含水量增加时，乙醇气体中的含水量也会相应的增加，活性炭纤维对乙醇的吸附量呈现出下降的趋势。由此可以得出，当乙醇气体中含有大量水分时，活性炭纤维对气体中乙醇的吸附性能是有影响的。当活性炭纤维的含有大量水分时，其吸附乙醇的效果会产生很大的影响，活性炭纤维对乙醇的饱和吸附量由 398.4mg/g 降低到 346.9mg/g。这说明随着活性炭纤维含水量的增加，其对乙醇的吸附性能明显下降。因此在实验开始时，应除去吸附在活性炭纤维表面或孔隙中的水分，使用无水乙醇，否则将会影响活性炭纤维的吸附性能。

4.1.3 小结

（1）用碘吸附、亚甲基蓝吸附及苯吸附考察了不同厂家生产的活性炭纤维的吸附性能。结果表明，江苏苏通碳纤维有限公司生产的碳纤维，具有较佳的吸附性能，碘吸附数值为 1200mg/g、亚甲基蓝吸附数值为 246mg/g、苯吸附数值为 457mg/g。同时，利用该样品测试了对其他印刷有机废气的吸附，均表现出优异的吸附性能。因此，选用江苏苏通碳纤维有限公司生产的样品。

（2）综合考察了载气流速、活性炭纤维质量、吸附温度和吸附压力对活性炭纤维吸附乙醇气体的吸附性能。从实验结果可以看出，随着载气流速的增大，活性炭纤维达到饱和的时间缩短，活性炭纤维的饱和吸附量则逐渐增加。随着活性炭纤维质量的增加，其饱和吸附量呈增加的趋势，但增加的并不明显。随着温度的升高，活性炭纤维的吸附量则逐渐地降低，这也与吸附理论相吻合。综合考虑能耗的影响，因此选用常温为实验的吸附温度。随着压力的升高，活性炭纤维的吸附量也是呈增加的趋势。

（3）考察了当乙醇中的含水量增加时，乙醇气体中的含水量也会相应的增加，活性炭纤维对乙醇的吸附量呈现出下降的趋势。当活性炭纤维的含水量增加时，活性炭纤维的吸附量明显的下降。由此可以看出，含水量对活性炭纤维吸附乙醇的性能有很大的影响，因此在实验开始时，必须将活性炭纤维干燥，以免对实验造成影响。

4.2　载乙醇活性炭纤维在氮气氛围中微波解吸研究

该研究考察一种简单的有机废气处理工艺。该工艺将性碳纤维（ACF）吸附和微波辐照解吸相结合，用于处理含乙醇有机废气的处理，一方面降低有机废气的环境污染，另一方面回收产品乙醇。本研究设计了实验装置，来考察微波对饱和载乙醇活性炭纤维的解吸作用，主要考察了两个方面：吸附在活性炭纤维上的乙醇的解吸和微波对活性炭纤维的再生。期望在微波辐照条件下，这两个过程可同时实现。

中国专利号 CN200610161012.8 公开了含挥发性有机化合物废气的净化、回收方法及其用，其公开了用水蒸气将吸附的废气进行脱附，脱附后的气液混合物送入冷却器中冷凝冷却，将溶于水的含挥发性有机化合物送入精馏塔进行精馏，得到馏出液。众所周知，这种用蒸汽再生法不仅再生时间长，而且解吸后的液体中含有大量的水，必须进一步精馏才能得到高浓度的产品，增加了设备的费用。包装印刷行业是印刷工业的能耗大户。据保守统计，目前我国在用的印刷及涂布复合设备在 1 万台左右，按每台设备能耗 200kWh 计，年能耗达到 96×10^{7}kWh，而且设备排出的热废气有很大的潜在能源尚未得到有效利用，造成了能源的巨大浪费。精馏过程是化工中耗能比较大的操作单元，占据了化工厂 90%的能耗，所以如果加入精馏操作单元，势必会给工厂造成巨大的能耗。水和乙醇体系在精馏过程中会产生共沸，所以乙醇的最高只能提纯到 95%。要想得到更高浓度的乙醇，需要投入其他的设备，这也增加了投入费用。

微波解吸不仅可以使整个解吸过程的能耗得以下降，对于解吸后乙醇的浓度也能很好的提高。

4.2.1　载气的选择

如果以水蒸气作载气时，必须增加新的设备以使水汽化，而且以水蒸气作载气会使解吸过程中的出口乙醇浓度降低，这是就要增加精馏设备使乙醇的浓度得到提升，这样势必会使能耗增大。如果选择 CO_2 作载气时，解吸过程中的高温会使活性炭纤维中的炭与载气 CO_2 发生反应，这样就会增大活性炭纤维的损耗。如果用空气作为载气，由于活性炭纤维在微波场中升温很快，空气中的 O_2 可能会在高温下与活性炭纤维中的 C 发生反应。

为了避免增加额外设备和的能耗，必须选用一种具有化学惰性、成本相对低廉的气体作载气。氮气不与活性炭纤维中的 C 反应，且价格相对低廉，对于微波解吸载乙醇活性炭纤维的过程使一种很好的选择。

4.2.2 载乙醇活性炭纤维在氮气氛围中微波解吸的工艺流程

本章设计了载乙醇活性炭纤维在氮气氛围中微波解吸的工艺流程，确定了实验装置的主要组成部分及流程操作步骤。

4.2.2.1 工艺流程图

载乙醇活性炭纤维在氮气氛围中微波解吸的工艺流程如图 4-7 所示。

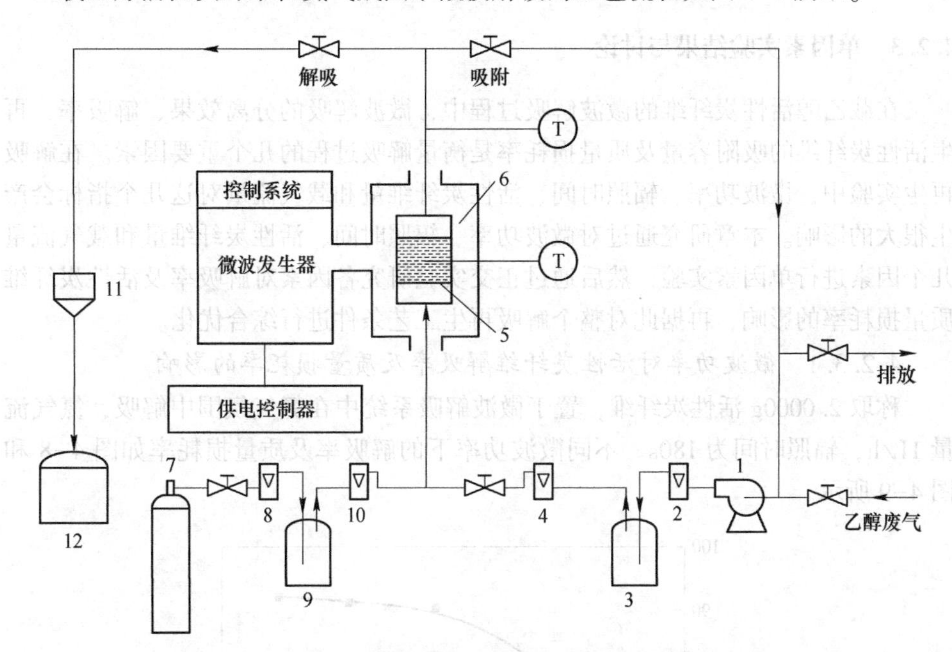

图 4-7 载乙醇活性炭纤维在氮气氛围中微波解吸流程图

1—鼓风机；2，4，8，10—转子流量计；3，9—缓冲罐；5—填料；6—微波能应用器；7—真空泵；11—冷凝器；12—储罐

4.2.2.2 实验装置的主要组成部分

实验装置主要由以下三部分组成：

（1）载气控制系统。这一部分的作用是使氮气顺利地进入反应器中，并通过减压阀和转子流量计调节控制氮气的压力和流量。

（2）微波解吸系统。在微波炉顶部中央部位开一个相当于石英玻璃反应器直径大小的圆孔，将反应器插入圆孔并固定。反应器底部支管接氮气管，顶部支管接冷凝器。

（3）冷凝系统。本实验解吸气体的冷凝回收采用冷凝法。冷凝器为三支串联的蛇形冷凝管，通冷凝水，依次排列并向下倾斜，后接馏出液收集瓶。

4.2.2.3 流程操作步骤

具体操作步骤：

(1) 打开冷水管，使冷凝管中充满水。

(2) 打开氮气钢瓶的总阀与减压阀，通过转子流量计控制氮气流量和压力。等到氮气气流稳定后，调节微波功率，打开微波炉电源并开始计时。

(3) 当辐照时间达到设定值时，依次关闭微波炉电源、氮气和冷凝水。

(4) 收集馏出液。用重量法鉴定解吸率及再生后活性炭纤维的质量损耗率，气相色谱法测定馏出液中乙醇浓度。

4.2.3　单因素实验结果与讨论

在载乙醇活性炭纤维的微波解吸过程中，微波解吸的分离效果、解吸率、再生活性炭纤维的吸附容量及质量损耗率是衡量解吸过程的几个重要因素。在解吸再生实验中，微波功率、辐照时间、活性炭纤维量和载气流量对这几个指标会产生很大的影响。本章研究通过对微波功率、辐照时间、活性炭纤维量和载气流量几个因素进行单因素实验，然后通过正交实验研究各因素对解吸率及活性炭纤维质量损耗率的影响，再据此对整个解吸再生工艺条件进行综合优化。

4.2.3.1　微波功率对活性炭纤维解吸率及质量损耗率的影响

称取 2.0000g 活性炭纤维，置于微波解吸系统中在氮气氛围中解吸，氮气流量 1L/h，辐照时间为 180s。不同微波功率下的解吸率及质量损耗率如图 4-8 和图 4-9 所示。

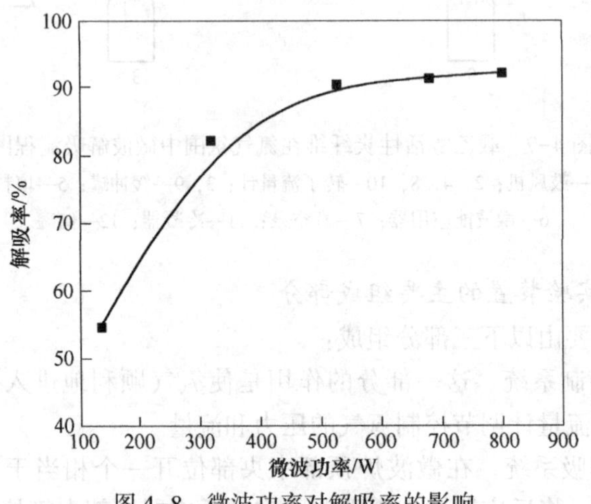

图 4-8　微波功率对解吸率的影响

随着微波功率的增大，活性炭纤维的解吸率呈现出逐渐增大的趋势。这是因为微波功率越高，单位质量的活性炭纤维吸收的微波能也越多，相对于吸收的微波能量，向周围环境散失的热量就越少，所以活性炭纤维床层升温速率也就越快，解吸率也就越大。由于活性炭纤维的质量是一定的，所以吸收的微波能也是

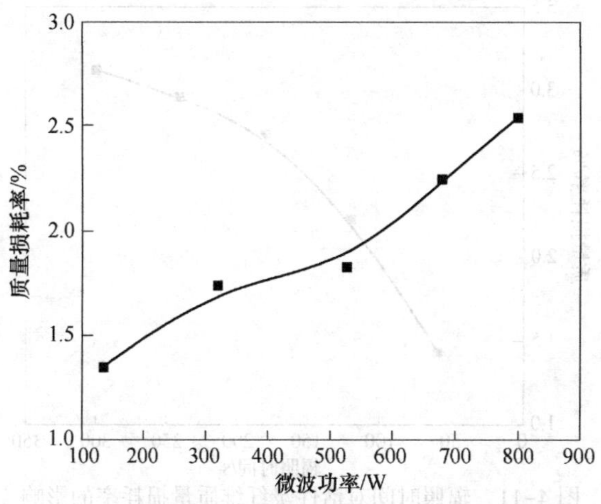

图 4-9 微波功率对活性炭纤维质量损耗率的影响

有限的，所以活性炭纤维的解吸率随着微波功率的增大最后趋于平衡。

活性炭纤维的质量损耗随微波功率的增高而增多。微波功率越高，升温越快，升温的峰值增加。由于石英玻璃管反应器中氮气分布不均，使得活性炭纤维局部高温氧化比较严重，烧损越多，质量损耗率越高。当微波功率为 136W 时，活性炭纤维的质量损耗率为 1.35%，而当微波功率为 800W 时，活性炭纤维的质量损耗率为 2.54%。

4.2.3.2 辐照时间对活性炭纤维解吸率及质量损耗率的影响

称取 2.0000g 活性炭纤维置于微波解吸系统中在氮气氛围中解吸，微波功率 528W，氮气流量 1L/h。不同辐照时间下的解吸率及质量损耗率如图 4-10 和图 4-11 所示。

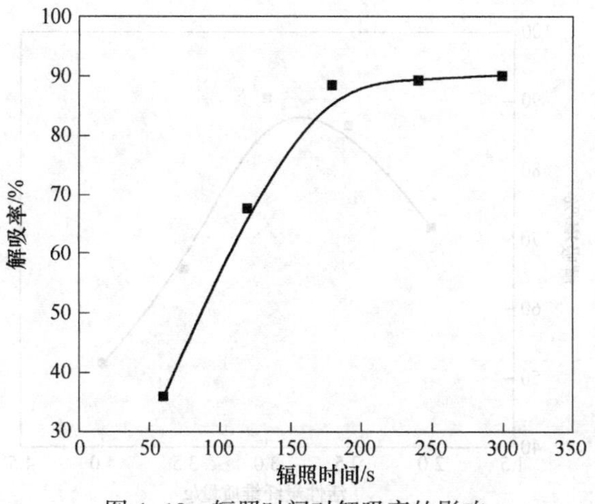

图 4-10 辐照时间对解吸率的影响

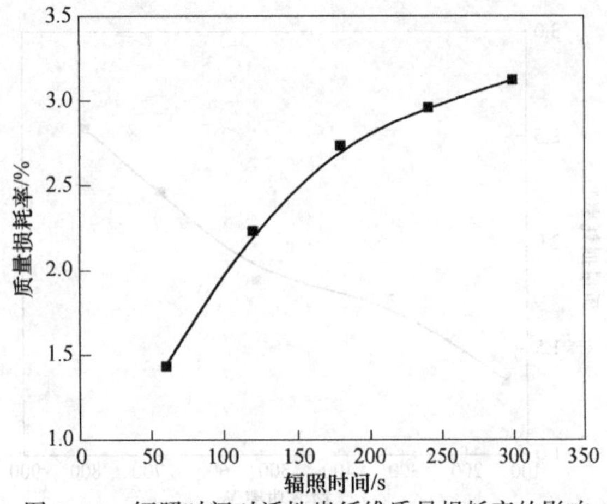

图 4-11 辐照时间对活性炭纤维质量损耗率的影响

微波辐照 60s 时，活性炭纤维的解吸率为 57.4%。而在 60~180s 之间时，随辐照时间的延长活性炭纤维的解吸率迅速增加，当辐照时间为 180s 时，活性炭纤维的解吸率达到了 88.6%。当辐照时间超过 180s 时，活性炭纤维的解吸率的变化并不明显。

辐照时间越长，温度越高，反应器中因氮气分布不均而引起的局部高温氧化越严重，烧损越多，活性炭纤维的损耗率越高。由图 4-11 可以看出在 240s 内活性炭纤维损耗率随辐照时间的增长而呈线性增加，之后增加的并不明显。

4.2.3.3 活性炭纤维质量对解吸率及质量损耗率的影响

微波功率 528W，辐照时间 180s，氮气流量 1L/h 时，称取不同质量的活性炭纤维后置于微波解吸系统中在氮气氛围中解吸。不同活性炭量下的解吸率及质量损耗率如图 4-12 和图 4-13 所示。

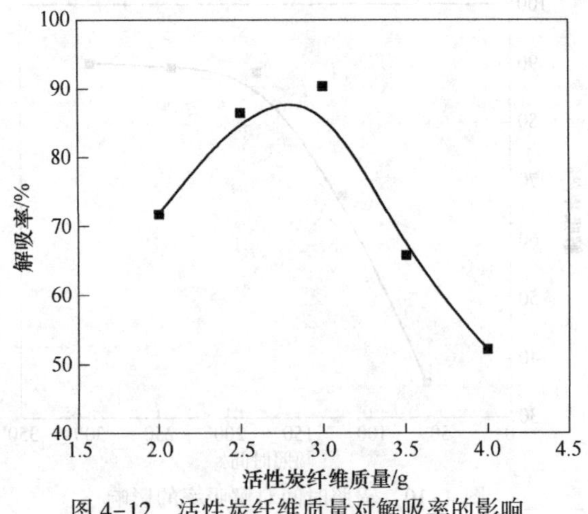

图 4-12 活性炭纤维质量对解吸率的影响

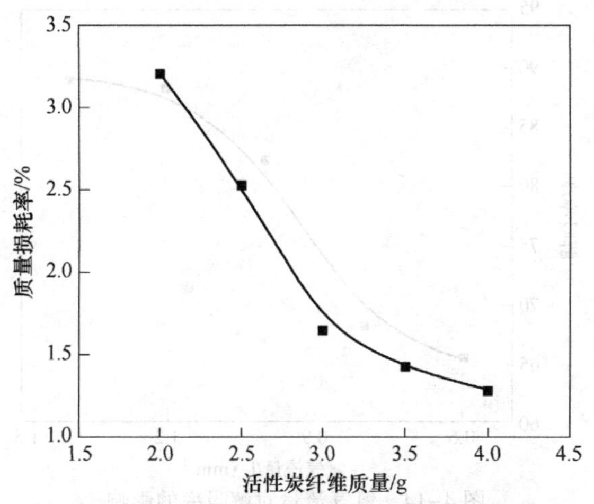

图4-13 活性炭纤维质量对其质量损耗率的影响

当活性炭纤维的用量较少时，随着活性炭纤维的用量的增大，解吸率也随之增大，但当活性炭纤维的用量超过一定量时，解吸率反而呈现出下降的趋势。这可能与微波场中活性炭纤维床层的升温情况有关，即载乙醇活性炭纤维需要达到一定的装载负荷后才能有效地吸收微波能。

由图4-13可以看出随活性炭纤维质量的增加，损耗率降低。这是由于活性炭纤维质量的增加导致在相同微波功率下的单位活性炭纤维质量上吸收的微波能有所降低，造成活性炭纤维升温的减少，活性炭纤维烧损降低，损耗率呈下降趋势。

4.2.3.4 氮气流量对活性炭纤维解吸率及质量损耗率的影响

称取3.0000g活性炭纤维置于微波解吸系统中在氮气氛围中解吸，微波功率528W，辐照时间180s，不同氮气流量下的解吸率及质量损耗率如图4-14和图4-15所示。

随着氮气流量的增大，活性炭纤维的床层的温度也随之降低。但由图可以看出随着载气流量的增加，活性炭纤维的解吸率并没有随之降低，而是呈现出增大的趋势，更有利于解吸过程的进行。这说明，适当加大载气流量更有利于解吸的进行，可以忽略由于降温带来的不利影响。

由图4-15可以看出，随着载气流量的增加，活性炭纤维的质量损耗率逐渐减小。加大载气流量能使反应器中更多的能量被带出系统以外，从而降低了微波辐照升温的峰值。因此，活性炭纤维炭的烧损在降低。可以看出活性炭纤维的烧损是导致活性炭纤维损耗的主要因素。

4.2.4 正交实验结果与讨论

用活性炭纤维对乙醇废气中的乙醇进行吸附，饱和后在氮气氛围中微波辐照

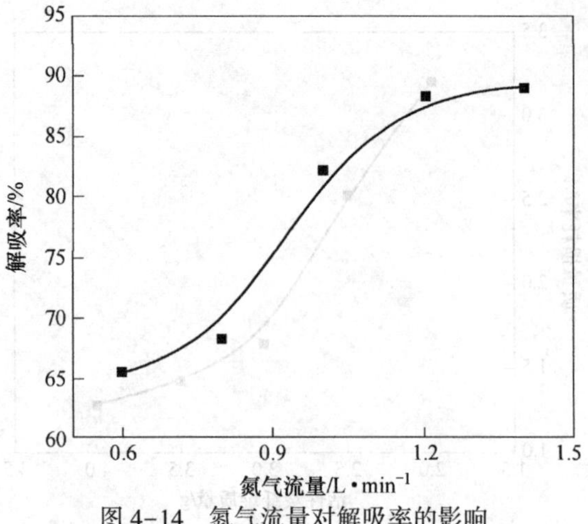

图 4-14　氮气流量对解吸率的影响

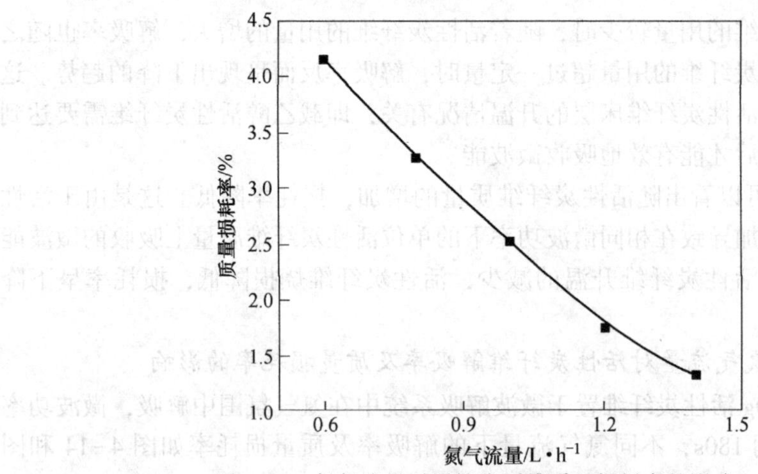

图 4-15　氮气流量对活性炭纤维质量损耗率的影响

解吸。以微波功率（W）、活性炭纤维量（g）、辐照时间（s）、氮气流量（L/h）为实验因素，以解吸率为实验指标，列出 L9(34) 正交表进行实验，因素水平安排如表 4-2 所示。

表 4-2　正交实验的因素水平表

因素 / 水平	微波功率（A）/W	氮气流量（B）/$L \cdot h^{-1}$	辐照时间（C）/s	质量（D）/g
1	528	1.0	180	2.5
2	680	1.2	240	3
3	800	1.4	300	3.5

按正交表进行实验，并对正交实验进行了直观分析。结果如表 4-3 所示。

表 4-3 正交实验结果表

实验号	A	B	C	D	解吸率/%
1	528	1.0	180	2.5	82.8
2	528	1.2	240	3	88.4
3	528	1.4	300	3.5	85.3
4	680	1.0	240	3.5	83.7
5	680	1.2	300	2.5	90.1
6	680	1.4	180	3	79.2
7	800	1.0	3000	3	93.1
8	800	1.2	180	3.5	90.5
9	800	1.4	240	2.5	92.4
K_1	256.5	259.6	252.5	265.3	
K_2	253	269	264.5	260.7	
K_3	276	256.9	268.5	259.5	
k_1	85.5	86.53	84.17	88.43	
k_2	84.33	89.67	88.17	86.90	
k_3	92	85.63	89.50	86.50	
R	7.67	4.04	5.33	1.93	

比较极差 R 可知，对活性炭纤维吸附容量影响最大的是微波功率，其次是辐照时间和氮气流量，最后是活性炭纤维量。如果只以解吸率为衡量指标的话，正交实验确定的最佳工艺条件为微波功率 800W，辐照时间 300s，氮气流量 1.2L/h，活性炭量 2.5000g。

在上述正交实验确定的最佳工艺条件下进行验证实验。用活性炭纤维对乙醇废气中的乙醇进行吸附，饱和后在氮气氛围中微波辐照解吸。在只以解吸率为衡量指标的最佳工艺条件下，即微波功率 800W，活性炭量 2.5000g，氮气流量 1.2L/h，辐照时间 300s，进行重复实验，实验结果如表 4-4 所示。

表 4-4 验证实验结果

序号	微波功率/W	氮气流量/L·h^{-1}	辐照时间/s	质量/g	解吸率/%
1	800	1.2	300	2.5000	93.7
2	800	1.2	300	2.5000	93.1
3	800	1.2	300	2.5000	93.4

从表 5-5 可以看出，载乙醇活性炭纤维在氮气氛围中的微波解吸实验中，在

只以解吸率为衡量指标的最佳工艺条件下，重现性实验的结果较好。

4.2.5　乙醇出口浓度

载乙醇活性炭纤维的微波解吸过程中，出口乙醇的浓度是衡量整个过程的重要指标。出口浓度变化曲线可以衡量微波选择性及微波解吸分离效果，但是要准确测定载乙醇活性炭纤维微波解吸过程中某一时刻乙醇的出口浓度是非常困难的。本研究采取近似方法测定不同微波功率下的乙醇出口浓度曲线。

用 2.5000g 活性炭纤维对乙醇废气中的乙醇进行吸附，饱和后在氮气氛围中微波辐照解吸。解吸条件为氮气流速 1.2L/h，辐照时间为 300s，在不同的解吸功率下收集解吸液，并通过气象色谱测量解吸液的浓度。结果如图 4-16 所示。

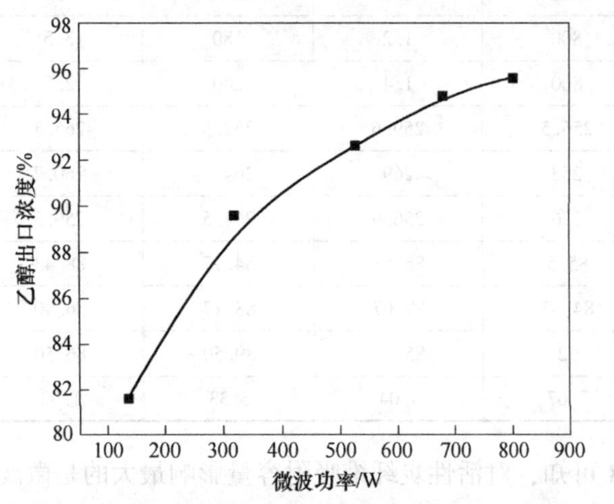

图 4-16　载乙醇活性炭纤维在氮气氛围中微波解吸的乙醇出口浓度

由图 4-16 可以看出，随着微波功率的增大，出口乙醇的浓度也随着增大。这可能是因为当在较高微波功率下操作时，解吸过程速度快、时间短，体系的内部传热过程几乎是瞬时完成的。相对于微波的选择性加热过程，内部的传热过程是可以忽略的。随着微波功率的降低，解吸过程变慢，体系的内部传热影响不可忽略，整个物系的温度趋于一致，加热过程接近于常规加热，微波的选择性加热特点被抑制。

4.2.6　小结

（1）针对印刷废气中的乙醇，用活性炭纤维吸附-氮气氛围中微波解吸方法回收其中可利用的乙醇，设计了载乙醇活性炭纤维在氮气氛围中微波解吸的实验流程。

（2）通过单因素考察得出，载乙醇活性炭纤维在氮气氛围中微波解吸的结果是：微波功率 528W，辐照时间为 180s，活性炭纤维的质量为 3.0000g，氮气的流速为 1.4L/h。

（3）通过正交实验，以活性炭纤维的解吸率为衡量指标，活性炭纤维再生实验中各因素对活性炭纤维再生率的影响从大到小的次序为：微波功率、辐照时间、氮气流量、活性炭纤维量，实验得到的最佳工艺条件：微波功率 800W，活性炭量 2.5000g，氮气流量 1.2L/h，辐照时间 300s。

（4）随着微波功率的增大，出口馏出液中乙醇的浓度逐渐增大。当功率达到 800W 时，出口乙醇的浓度可达 95.6%。

（5）用活性炭纤维吸附-氮气氛围中微波解吸方法回收印刷废气中的乙醇具有操作简单、速度快、容易控制、质量损耗少及乙醇回收率高的特点。

4.3 载乙醇活性炭纤维在真空氛围中微波解吸

根据气体的吸附分离方法，吸附过程可分为变温吸附和变压吸附[68]。如果压力不变，在常温或低温的情况下吸附，用高温解吸的方法，称为变温吸附。如果温度不变，在加压的情况下吸附，用减压（抽真空）或常压解吸的方法，称为变压吸附[1]。在变压吸附过程中，由于系统压力的改变，使得吸附在吸附剂上的物质分离，因此系统压力的改变是整个过程的传质推动力[2]。温度一定时，当升高系统的压力，吸附剂床层的吸附量增高，气体被吸附；反之当系统压力下降时，其吸附容量则出现下降趋势，吸附剂解吸再生，同时得到气体产物。根据系统压力大小变化的不同，变压吸附可以是常压吸附、抽真空解吸；加压吸附、常压解吸；加压吸附、抽真空解吸等几种方法[3]。对一定的吸附剂而言，压力变化愈大，吸附剂脱除的越多。

4.3.1 真空解吸的特点

本章的实验装置是在真空条件下进行的。在真空条件下解吸载乙醇活性炭纤维，与氮气氛围中的微波解吸相比，载乙醇活性炭纤维的真空微波解吸具有明显的优势：

（1）采取常压吸附、抽真空解吸的变压吸附循环，使得整个系统的压力差增大，传质的推动力也就相应的增大，更有利于解吸过程。采用变压吸附可以使反应器与冷凝器之间形成压力梯度，将解吸气及时带出反应器冷凝[4]。

（2）载乙醇活性炭纤维在微波场中升温很快。抽走空气，防止空气中的氧在高温下与活性炭纤维发生反应，从而降低活性炭纤维的质量损耗。

（3）载乙醇活性炭纤维在氮气氛围中微波解吸，载气会将部分热量从反应器中带走，而在真空条件下解吸则避免了这个问题，降低了能耗[4]。

4.3.2 载乙醇活性炭纤维真空微波解吸的工艺流程

本章设计了载乙醇活性炭纤维真空微波解吸的工艺流程，确定了实验装置的主要组成部分及流程操作步骤。

4.3.2.1 工艺流程图

载乙醇活性炭纤维真空微波解吸的工艺流程如图4-17所示。

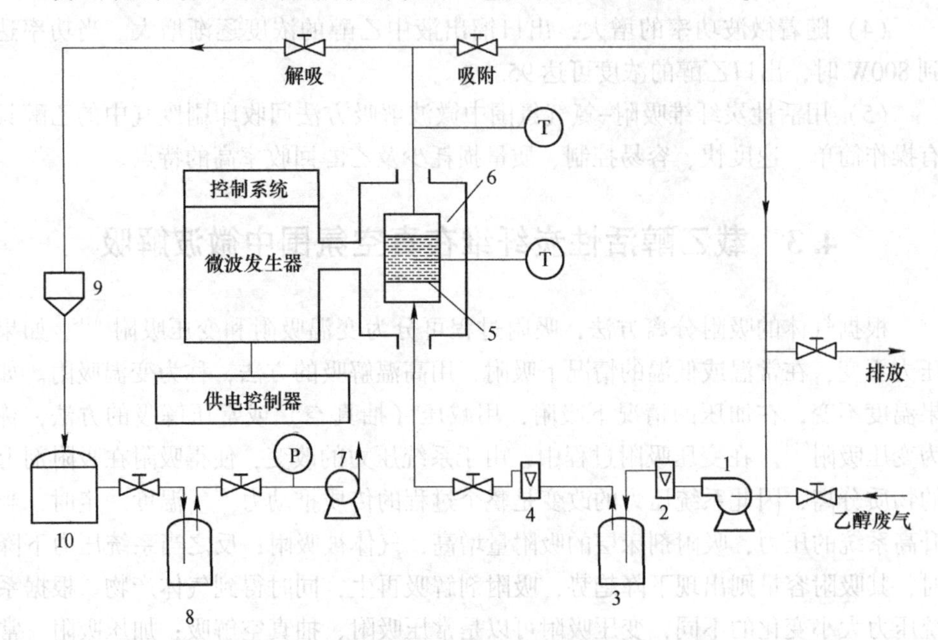

图4-17 载乙醇活性炭纤维真空微波解吸流程图

1—鼓风机；2，4—转子流量计；3，8—缓冲罐；5—填料；
6—微波能应用器；7—真空泵；9—冷凝器；10—储罐

4.3.2.2 实验装置的主要组成部分

(1) 系统真空度控制系统。这部分主要由水环式真空泵、缓冲瓶及医用真空表组成，作用是控制及指示系统的真空度，保证使载乙醇活性炭纤维在预定的真空条件下解吸。

(2) 微波解吸系统。在微波炉顶部中央部位开相当于石英玻璃反应器直径大小的圆孔，将反应器插入圆孔并固定。反应器顶部支管接冷凝器。

(3) 冷凝系统。本实验解吸气体的冷凝回收采用冷凝法。冷凝器为三支串联的蛇形冷凝管，通冷凝水，依次排列并向下倾斜，后接馏出液收集瓶。

4.3.2.3 系统密闭性检测

(1) 将真空微波解吸装置与外界相连的各种阀门关闭，打开真空泵，根据真空表示数，观察系统压强的变化情况。

(2) 如果不满足要求则用肥皂沫检查装置各处连接，发现泄露并用真空脂涂抹密封。

4.3.3 单因素实验结果与讨论

4.3.3.1 微波功率对活性炭纤维解吸率及质量损耗率的影响

称取 2.0000g 活性炭纤维，置于微波解吸系统中在真空氛围中解吸，真空度为 0.03MPa，辐照时间为 180s。不同微波功率下的解吸率及质量损耗率如图4-18和图 4-19 所示。

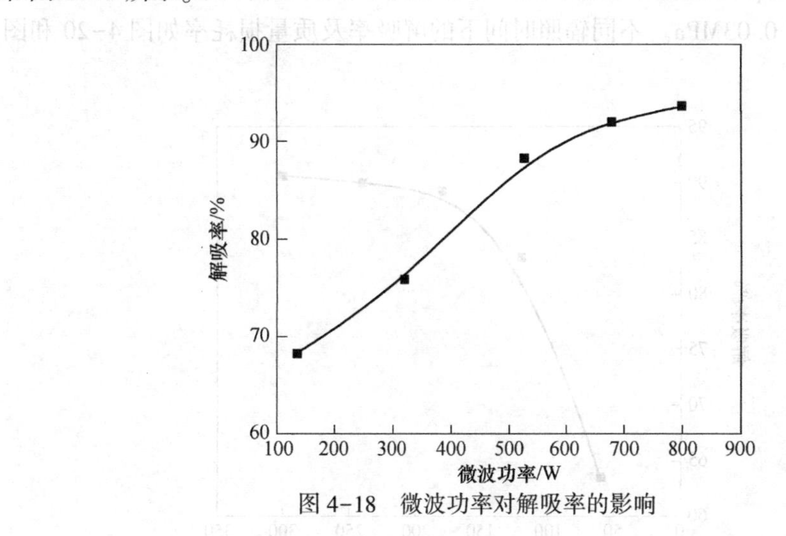

图 4-18 微波功率对解吸率的影响

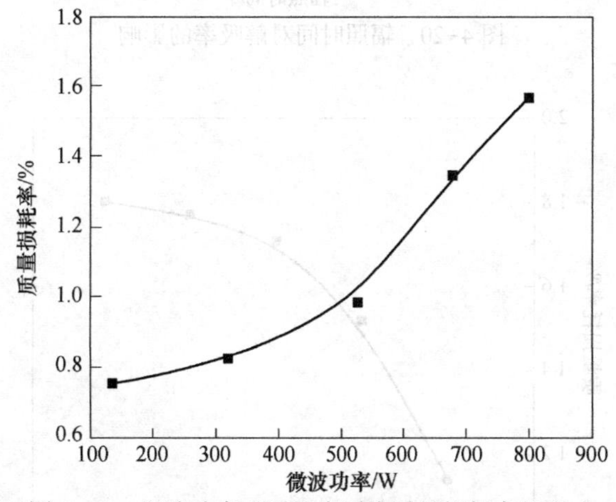

图 4-19 微波功率对活性炭纤维质量损耗率的影响

由图 4-18 可以看出，真空氛围下随着微波功率的增大，解吸率也随着增大，但达到一定的功率时，解吸率的变化变得不那么明显，这和氮气氛围下所得到的趋势是一致的。当微波功率为136W时，活性炭纤维解吸率为70.1%，当微波功率为800W时，活性炭纤维的解吸率为93.6%，这比氮气氛围解吸时的解吸率要好，这可能是由于真空氛围下，活性炭纤维床层温度升高，使得解吸过程更加有利。

由图4-19可以看出，活性炭纤维的质量损耗随微波功率的增高而增多。微波功率越高，升温越快，升温的峰值增加。但由于真空的影响，使得温度的分布较氮气氛围时更加均匀，活性炭纤维的质量损耗率有明显的下降。

4.3.3.2 微辐照时间对活性炭纤维解吸率及质量损耗率的影响

称取2.0000g活性炭纤维置于微波解吸系统中在真空氛围中解吸，微波功率680W，真空度0.03MPa。不同辐照时间下的解吸率及质量损耗率如图4-20和图4-21所示。

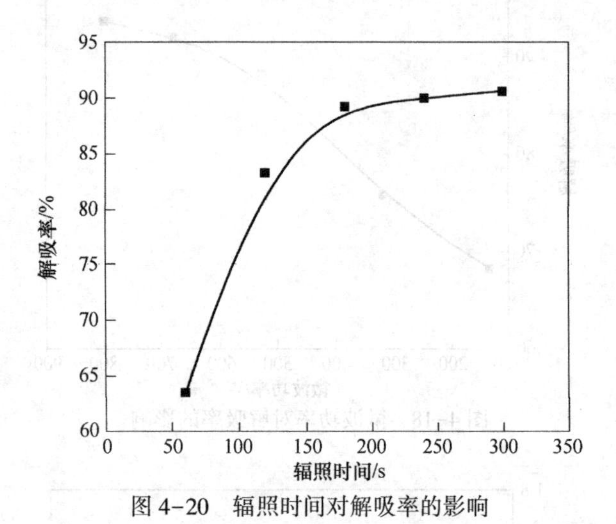

图4-20 辐照时间对解吸率的影响

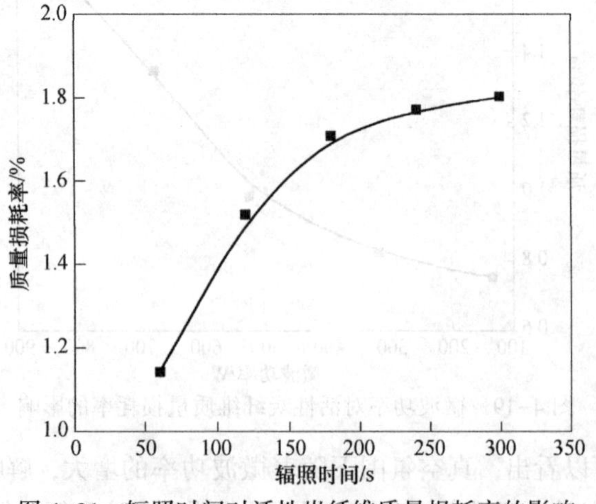

图4-21 辐照时间对活性炭纤维质量损耗率的影响

从60~180s，随着辐照时间的增长，解吸率也随着增大，180s以后，随着辐照时间的增长，解吸率变化并不明显，趋于一定值。

活性炭纤维损耗率的变化趋势与氮气氛围下活性炭纤维损耗率的变化趋势大致相同，但是损耗率的数值却有明显的下降。

4.3.3.3 活性炭纤维质量对解吸率及质量损耗率的影响

微波功率680W，辐照时间180s，真空度0.03MPa，称取不同质量的活性炭纤维后置于微波解吸系统中在真空条件下解吸。不同活性炭量下的解吸率及质量损耗率如图4-22和图4-23所示。

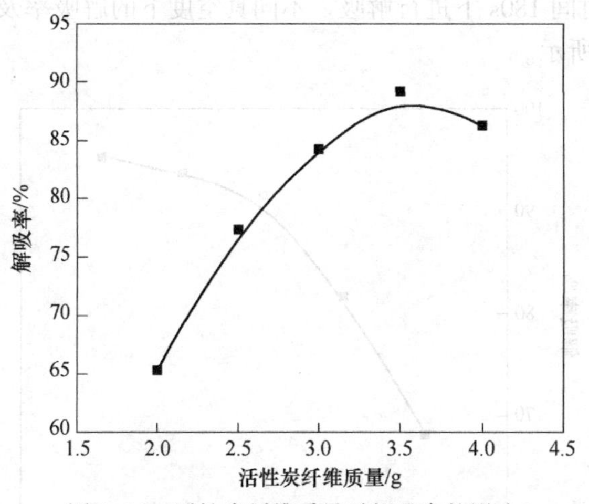

图4-22 活性炭纤维质量对解吸率的影响

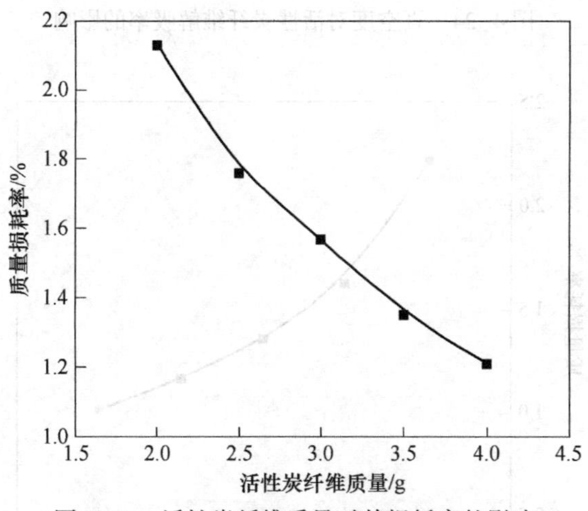

图4-23 活性炭纤维质量对其损耗率的影响

当活性炭纤维的用量较少时，随着活性炭纤维的用量的增大，解吸率也随着增大，但当活性炭纤维的用量超过一定量时，解吸率反而下降，但下降的趋势并不像氮气氛围下得那样明显。

由图 4-23 可以看出随活性炭纤维质量的增加，损耗率线性下降趋势。这是由于单位活性炭纤维质量上的微波吸收功率降低，造成活性炭纤维升温的减少，炭烧损降低，损耗率呈下降趋势。但是其损耗率最大值为 2.31%，与氮气氛围下损耗率 3.21%相比，下降的趋势较为明显。

4.3.3.4　真空度对解吸率及质量损耗率的影响

称取 3.5000g 活性炭纤维，置于微波解吸系统中，在不同的真空度、微波功率 680W、辐照时间 180s 下进行解吸。不同真空度下的解吸率及质量损耗率如图 4-24 和图 4-25 所示。

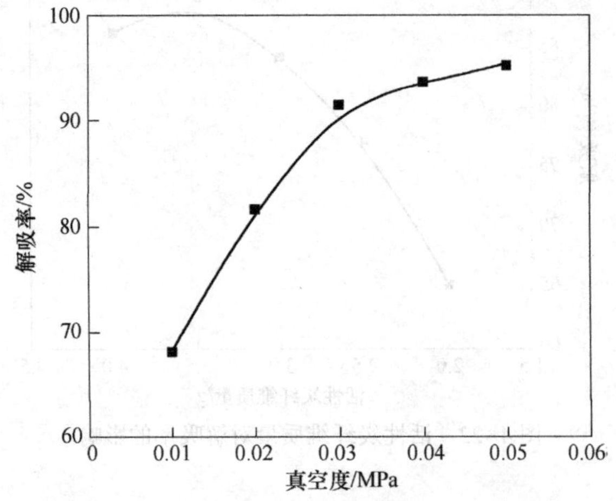

图 4-24　真空度对活性炭纤维解吸率的影响

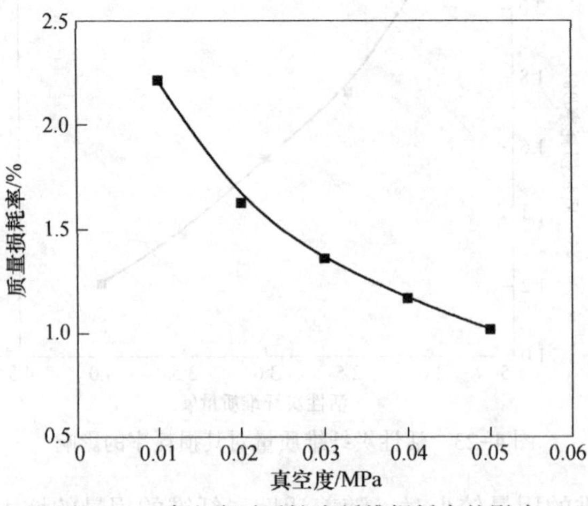

图 4-25　真空度对活性炭纤维损耗率的影响

随着真空度的增大，活性炭纤维的解吸率也随着增大。当真空度为0.01MPa时，解吸率为68.2%，当真空度增大到0.03MPa时，解吸率增大到91.4%，而当真空度继续增大时，解吸率的增大趋势变得平缓。这可能是由于真空度的影响，使得床层温度上升，使得解吸过程更加有利。

活性炭纤维质量损耗率也随着真空度的增加而降低。在真空条件下解吸，由于系统真空度较高且相对稳定，避免了在氮气氛围中解吸因活性炭纤维床层中氮气分布不均而导致的局部高温氧化问题，使得损耗率明显降低。

4.3.4 正交实验结果与讨论

用活性炭纤维对乙醇废气中的乙醇进行吸附，饱和后在真空氛围中微波辐照解吸。以微波功率（W）、活性炭纤维量（g）、辐照时间（s）、真空度（MPa）为实验因素，以解吸率为实验指标，列出 $L_9(3^4)$ 正交表进行实验，因素水平安排如表4-5所示。

比较极差R可知，对活性炭纤维吸附容量影响最大的是真空度，其次是辐照时间和活性炭纤维质量，最后是微波功率。这与氮气氛围下解吸有所不同如果只以解吸率为衡量指标的话，正交实验确定的最佳工艺条件为真空度0.05MPa，辐照时间300s，活性炭纤维质量4.0000g，微波功率680W。

表4-5 正交实验的因素与水平

因素 / 水平	质量（A）/g	辐照时间（B）/s	微波功率（C）/W	真空度（D）/MPa
1	3	180	528	0.03
2	3.5	240	680	0.04
3	4	300	800	0.05

按正交表进行实验，并对正交实验进行了直观分析。结果如表4-6所示。

表4-6 正交实验结果

实验号	A	B	C	D	解吸率/%
1	3	180	528	0.03	65.8
2	3	240	680	0.04	83.2
3	3	300	800	0.05	87.9
4	3.5	180	680	0.05	89.7
5	3.5	240	800	0.03	72.6
6	3.5	300	528	0.04	91.2
7	4	180	800	0.04	79.1

续表 4-6

实验号	A	B	C	D	解吸率/%
8	4	240	528	0.05	95.6
9	4	300	680	0.03	85.6
K_1	236.5	234.6	252.6	224	
K_2	253.5	251.4	258.5	260	
K_3	260.3	264.7	239.6	273.2	
k_1	78.8	78.2	84.2	74.7	
k_2	84.5	83.8	86.2	86.7	
k_3	86.8	88.2	79.9	91.1	
R	8	10	6.3	16.4	

在上述正交实验确定的最佳工艺条件下进行重现性验证实验。用活性炭纤维对乙醇废气中的乙醇进行吸附，饱和后在氮气氛围中微波辐照解吸。在只以解吸率为衡量指标的最佳工艺条件下，即真空度 0.05MPa，辐照时间 300s，活性炭纤维质量 4.0000g，微波功率 680W，进行重复实验，实验结果如表 4-7 所示。

从表 4-7 可以看出，载乙醇活性炭纤维在氮气氛围中的微波解吸实验中，在只以解吸率为衡量指标的最佳工艺条件下，重现性实验的结果较好。

表 4-7 验证实验结果

序号	真空度/MPa	辐照时间/s	质量/g	微波功率/W	解吸率/%
1	0.05	300	4.0000	680	97.1
2	0.05	300	4.0000	680	96.5
3	0.05	300	4.0000	680	96.7

4.3.5 乙醇出口浓度

用 4.0000 活性炭纤维对乙醇废气中的乙醇进行吸附，饱和后在氮气氛围中微波辐照解吸。解吸条件为真空度 0.05MPa，辐照时间为 300s，在不同的解吸功率下收集解吸液，并通过气象色谱测量解吸液的浓度。结果如图 4-26 所示。

由图 4-26 可以看出，随着微波功率的增大，出口乙醇的浓度也随着增大。这与载乙醇活性炭纤维在氮气氛围中的解吸情况是一致的。但是与氮气氛围的解吸相比，真空条件下得解吸下被带走的热量减少，整个系统的热量相对较高，因此出口乙醇的浓度也相对较高。

4.3.6 多次吸附解吸对活性炭吸附的影响

在重复吸附-解吸-吸附过程中，对每次的吸附实验操作记录活性炭纤维的

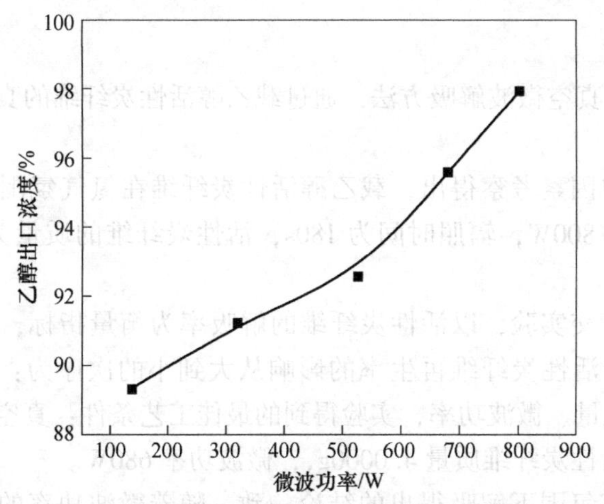

图 4-26 载乙醇活性炭纤维在真空中微波解吸的乙醇出口浓度

吸附容量，连续吸附六次，研究同一样品经过多次解吸、吸附后的吸附容量变化情况，实验结果如图 4-27 所示。

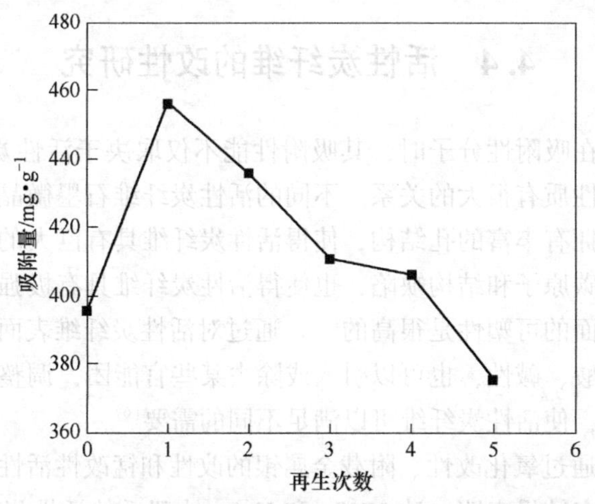

图 4-27 多次吸附解吸对活性炭纤维吸附容量的影响

微波实验结果表明，微波辐照后活性炭纤维对乙醇的吸附量比新鲜活性炭纤维的要大，这说明在微波辐照下，活性炭纤维的表面特性和孔结构发生的变化，使得活性炭纤维对乙醇的吸附量有很大的提高。从图中可以看出，前四次再生的活性炭纤维吸附量比新鲜活性炭纤维的乙醇吸附量都要大，直到第五次才有明显下降。这是因为活性炭纤维经微波处理后，会使得含氧官能团的量减少，留下许多活性中心，改善了活性炭纤维的吸附性能。因此，微波的辐照再生同时也起到了活性炭纤维改性的作用，加大了其吸附能力。

4.3.7 小结

本章提出了真空微波解吸方法，通过载乙醇活性炭纤维的真空微波解吸实验得到以下结论：

（1）通过单因素考察得出，载乙醇活性炭纤维在氮气氛围中微波解吸的结果是：微波功率800W，辐照时间为180s，活性炭纤维的质量为3.5000g，真空度0.05MPa。

（2）通过正交实验，以活性炭纤维的解吸率为衡量指标，活性炭纤维再生实验中各因素对活性炭纤维再生率的影响从大到小的次序为：真空度、辐照时间、活性炭纤维量、微波功率，实验得到的最佳工艺条件：真空度0.05MPa，辐照时间300s，活性炭纤维质量4.0000g,，微波功率680W。

（3）与氮气氛围下解吸得出的结论一致，随着微波功率的增大，出口馏出液中乙醇的浓度逐渐增大。但其乙醇的出口浓度有所提高，可达到97.9%。

（4）通过多次吸附解吸实验可以看出，活性炭纤维吸附对乙醇的吸附量有所提高，这说明微波解吸可以使活性炭纤维的活性增强，增加吸附量。

4.4 活性炭纤维的改性研究

活性炭纤维在吸附性分子时，其吸附性能不仅取决于活性炭纤维的孔结构，还与其表面化学性质有很大的关系。不同的活性炭纤维石墨微晶的排列方式，不仅使活性炭纤维拥有丰富的孔结构，使得活性炭纤维具有巨大的比表面积，而且其边缘的不饱和碳原子和结构缺陷，也使得活性炭纤维具有极强的反应性，因此活性炭纤维的表面的可塑性是很高的[5]。通过对活性炭纤维表面的化学改性，可以改变其表面的酸、碱性，也可以引入或除去某些官能团，调整活性炭纤维的表面亲水与疏水性，使活性炭纤维可以满足不同的需要[6]。

殷求义等[7]通过氧化改性、附载金属银的改性和锰改性活性炭纤维对气态汞的吸附性能。研究结果表明，浓 HNO_3 和 H_2O_2 处理后的活性炭纤维含氧官能团有所增加，对汞吸附能力提高；随着硝酸银浓度的提高，改活性炭纤维对汞的吸附性能也有所提高。

高首山等[8]通过 HNO_3、H_2SO_4 和 Cl_2 对活性炭纤维进行改性，研究结果表明，通过对活性炭纤维的改性，可以改变活性炭纤维表面的酸碱性和极性，对 SO_2 有良好的吸附效果。

邢伟等[9]用碱性活化剂加入到活性炭纤维中，并在氮气气氛过程中程序升温，等到了比表面积较大的改性活性炭纤维。

杨全红等[10]对活性炭纤维进行二次碳化后，活性炭纤维的孔结构和表面特性都发生的变化。

Nabais 等[11]用微波辐照对活性炭纤维进行改性，改性后活性炭纤维的酸性官能团减少，活性炭纤维的表面化学稳定性良好。

程抗等[12]用等离子体对活性炭纤维进行改性，结果表明，在改性过程中可以向活性炭纤维引入含氧、含氮官能团。

通过改变活性炭纤维的孔结构和表面化学性质都可以提高活性炭纤维对乙醇的吸附性能。氧化改性可以增加活性炭纤维表面的含氧官能团，增加活性炭纤维表面的极性，可以使其对极性物质的吸附能力增强，但氧化剂的氧化性较强时，活性炭纤维的微孔结构容易坍塌，使得活性炭纤维的比表面积减小，会对乙醇的吸附性能造成一定的影响。因此，本章选择采用改变活性炭纤维的孔结构来使活性炭纤维对乙醇的吸附性能增强。化学活化是改变活性炭纤维孔结构的有效方法，即利用化学物质使活性炭纤维进行二次碳化和活化，从而得到更加丰富的微孔结构。常用的活化剂有碱金属、碱金属的氢氧化物和无机盐等。本章以江苏苏通炭纤维厂生产的活性炭纤维为原料，采用化学活化法，以硫酸钾、硫酸钠等为活化剂，制备改性活性炭纤维，以乙醇作为吸附质，考察了不同浸渍剂溶液浓度、浸渍时间、炭化时间和炭化温度下活性炭纤维吸附性能的影响。

4.4.1 浸渍剂的确定

不同的浸渍剂处理对活性炭纤维吸附性能影响较大，因而需要进一步的实验来确定最佳的浸渍剂。选取质量分数为1%的硫酸钠以及硫酸钾为浸渍剂，水浴30℃下磁力搅拌24h处理活性炭纤维，取出、去离子水清洗，然后在105℃下烘干后炭化，氮气作为保护气体，炭化终温600℃，恒温40min，测试其吸附性能，然后确定最适合的浸渍剂。数据如表4-8所示。

表4-8 不同浸渍剂处理后乙醇吸附数据表

样品	饱和吸附量/mg · g^{-1}	饱和吸附时间/min	穿透吸附量/mg · g^{-1}	穿透吸附时间/min
ACF	395.2	30	168.2	20
K_2SO_4-ACF	453.6	50	374.9	30
Na_2SO_4-ACF	461.9	50	375.8	30

由表4-8中的吸附数据可以看出，硫酸钾及硫酸钠处理的活性炭纤维样品的饱和吸附量、饱和吸附时间、穿透吸附量及穿透时间较原样活性炭纤维已经有了很大程度的提高。硫酸钾处理的活性炭纤维饱和吸附量最大为496.7mg/g，硫酸钠的为461.9mg/g。综合考虑各个因素的影响，选用硫酸钾为改性活性炭纤维的浸渍液。

4.4.2　不同改性条件对活性炭纤维吸附性能的影响

4.4.2.1　浸渍液浓度的选择

浸渍液浓度的不同，改性活性炭纤维的孔结构也不同，从而导致其吸附能力也有所不同。浸渍比对于化学改性活性炭纤维工艺过程有着重要的影响，因此选择合适的浸渍浓度对于改性过程具有重要意义。以不同质量分数的硫酸钾在水浴30℃下磁力搅拌24h浸渍处理活性炭纤维，取出，用去离子水清洗后在105℃恒温下烘干，在氮气作为保护气体的条件下进行碳化，炭化终温500℃，恒温40min。在吸附的最佳条件下对乙醇气体进行吸附，得到浸渍浓度对吸附量的影响曲线，如图4-28所示。

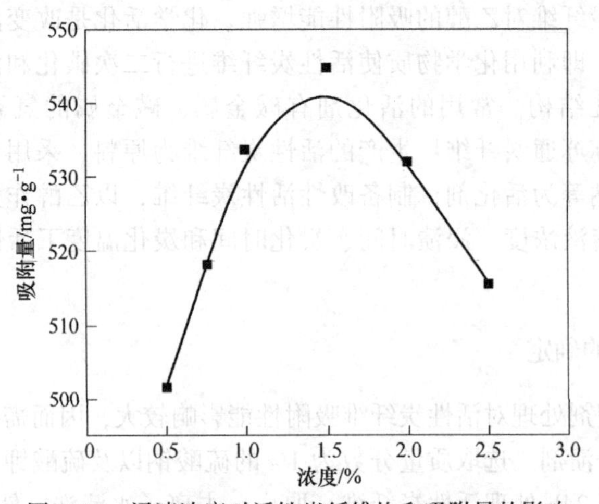

图4-28　浸渍浓度对活性炭纤维饱和吸附量的影响

从表4-9可以看出，改变硫酸钾的质量分数，活性炭纤维对乙醇吸附的饱和吸附量受到了很大的影响，呈现出了先增大后减小的趋势。在硫酸钾的质量分数为0.5%时，饱和吸附量为501.6mg/g，穿透时间为30min；当硫酸钾的质量分数为1.5%，饱和附量达到了544.8mg/g，穿透时间为45min，而当硫酸钾的质量分数达到2%，饱和吸附量却降到了532.1mg/g，穿透时间也降为30min。活性炭纤维的饱和吸附量并没有随着硫酸钾质量分数的提高而增大，这是因为当硫酸钾过量时，硫酸钾会覆盖在活性炭纤维的表面，这时必将使一部分微孔堵塞，导致活性炭纤维的比表面积降低，从而降低了饱和吸附量。与原样活性炭纤维对乙醇的吸附量相比，当硫酸钾质量分数为0.5%时，活性炭纤维的饱和吸附量为501.6mg/g。由此可以看出，即使浸渍液中硫酸钾的浓度很小，但是对活性炭纤维的比表面积的影响是很大的，从而影响了活性炭纤维的吸附性能。综合考虑决定选用硫酸钾浸渍剂的百分比浓度为1.5%。

表 4-9 不同浓度的硫酸钾处理活性炭纤维的乙醇吸附数据表

K_2SO_4 质量分数/%	穿透吸附量/mg · g^{-1}	穿透时间/min
0.5	365.24	30
0.75	381.56	35
1	396.48	40
1.5	415.39	45
2	383.82	40
2.5	352.17	30

4.4.2.2 浸渍时间的影响

浸渍时间是改性活性炭纤维过程中的影响因素之一。如果浸渍时间过短，物料没有和浸渍液中的物质充分反应，不能达到良好的吸附效果；如果浸渍时间过长，就会导致实际生产效率的降低，因此选择合适的浸渍时间是十分重要的。将活性炭纤维在质量分数为 1.5%硫酸钾溶液中室温下浸渍不同的时间，取出后去离子水清洗，然后 105℃下烘干、炭化，500℃下氮气保护，恒温 40min 后取出测试，得到了浸渍时间对活性炭纤维饱和吸附量的影响曲线，如图 4-29 所示。

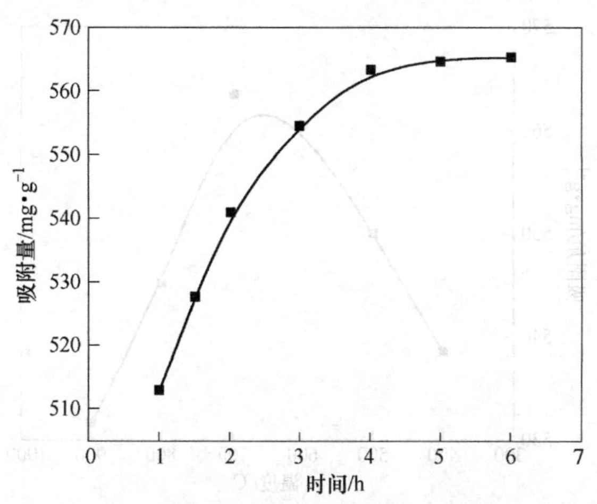

图 4-29 浸渍时间对活性炭纤维饱和吸附量的影响

由改性后的样品对乙醇的吸附数据可以看出，当浸渍时间为 4h 时，改性活性炭纤维的饱和吸附量和穿透时间已基本不再发生变化。这说明浸渍 4h 对于活性炭纤维已经足够，可以达到最佳性能，因此选择浸渍时间为 4h。见表 4-10。

表 4-10 不同浸渍时间处理活性炭纤维的乙醇吸附数据表

浸渍时间/h	穿透吸附量/mg · g^{-1}	穿透时间/min
1	372.34	30

续表 4-10

浸渍时间/h	穿透吸附量/mg · g^{-1}	穿透时间/min
1.5	386.31	30
2	401.35	35
3	418.49	40
4	431.26	45
5	441.94	45
6	449.16	45

4.4.2.3　碳化温度的影响

温度是炭化过程中一个最重要的因素。不同的温度下，活性炭纤维表面发生的反应不同，导致了活性炭纤维结构调整的不同，活性炭纤维的孔结构的调整的也不同。为了确定最佳的炭化温度，采用活性炭纤维在室温下 1.5%的硫酸钾室温浸渍 24h 后在不同的炭化温度下（400℃、500℃、600℃、700℃、800℃、900℃），恒温 40min，乙醇作为吸附质来确定最佳的炭化温度，吸附曲线如图4-30 所示。

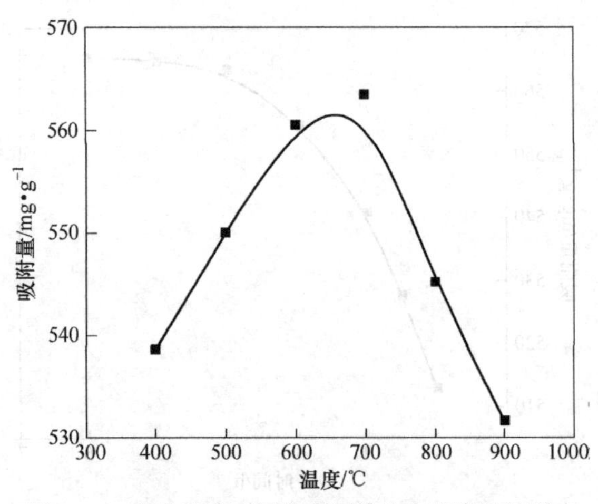

图 4-30　碳化温度对活性炭纤维饱和吸附量的影响

由图 4-30 可以看出，乙醇的饱和吸附量随着炭化温度的增加呈现出先增大后减小的趋势。当碳化温度为 700℃时，活性炭纤维的饱和吸附量达到最大为563.3mg/g，当碳化温度升高到 900℃时，其值则降低到了 531.8mg/g。对比不同炭化温度下乙醇的穿透时间，可以看出不同的炭化温度下样品的穿透时间有所不同，但相对于原样的穿透时间来说，穿透时间有了明显的延长，由此可以看出活性炭纤维对于乙醇的吸附性能已经得到改善。见表 4-11。

表 4-11 不同碳化温度处理活性炭纤维的乙醇吸附数据表

碳化温度/℃	穿透吸附量/mg · g^{-1}	穿透时间/min
400	372.1	35
500	391.46	45
600	393.83	45
700	483.17	50
800	427.12	45
900	323.67	30

不同炭化温度下处理的活性炭纤维，其对乙醇的吸附性能是不同的，这时由于不同的炭化温度对活性炭纤维的孔径分布也是不同的。炭化温度达到 700℃时，活性炭纤维的内部结构调整最剧烈，因而改性后的活性炭纤维的吸附性能达到了最佳。当温度为以下时，活性炭纤维表面的含氧官能团转化成二氧化碳，从而脱除含氧官能团，而在 700℃以上时，其表面含氧官能团转化成一氧化碳，使含氧官能团得以脱除。不同的碳化温度下，活性炭纤维发生表面发生的反应也不相同，从而使活性炭纤维得到了不同的孔结构和表面性质。改性活性炭纤维脱除了部分表面含氧官能团导致了极性的增大。由于乙醇极性较大，因而处理后的活性炭纤维对乙醇的饱和吸附量增加较为显著。

4.4.2.4 炭化时间的影响

炭化时间是改性活性炭纤维过程中的重要因素。如果炭化时间不足，反应不够完全，活性炭纤维的孔结构没有调整到最佳；如果炭化时间过长，活性炭纤维的孔刻蚀较大，造成大量微孔的坍塌，从而使得活性炭纤维的比表面积下降，导致吸附量明显下降。因此找到适宜的炭化时间是十分重要的。将活性炭纤维在质量分数为 1.5%硫酸钾溶液室温下浸渍 4h，清洗、105℃烘干后炭化，炭化终温为 700℃，恒温不同的时间，氮气作为保护气体，通过吸附乙醇来表征其性能，得到图 4-31。

由图 4-31 可以看出，随着炭化恒温时间的增长，活性炭纤维的饱和吸附量呈现出先增大后减小的趋势，但相对于未改性活性炭纤维来说，其饱和吸附量有着非常显著的增长。当碳化时间为 60min 时，穿透时间最长为 50min，当碳化时间为 120min，穿透时间为仅为 30min。不同的碳化时间对活性炭纤维吸附乙醇的穿透时间有很大影响，这是因为不同的碳化时间使得改性活性炭纤维的孔分布有所不同，从而导致了穿透时间的不同，同时意味着活性炭纤维的表面结构和性质也有很大的不同。见表 4-12。

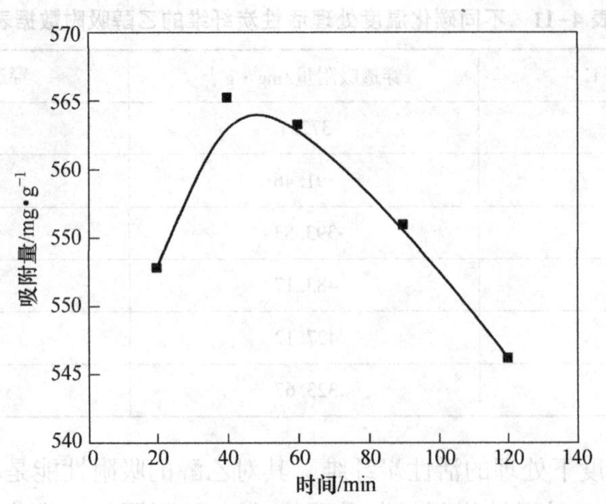

图 4-31　碳化时间对活性炭纤维饱和吸附量的影响

表 4-12　不同碳化时间处理活性炭纤维的乙醇吸附数据表

碳化时间/min	穿透吸附量/mg·g^{-1}	穿透时间/min
20	322.45	30
40	384.29	50
60	464.78	50
90	427.15	50
120	365.89	40

4.4.3　改性活性炭纤维的结构性能

4.4.3.1　改性后活性炭纤维的 SEM 分析

图 4-32 为活性炭纤维改性前后的 SEM。由图可以看出，活性炭纤维的直径大约为 5μm。由未改性活性炭纤维、Na_2SO_4 改性活性炭纤维和 K_2SO_4 改性活性炭纤维的 SEM 图可以看出，改性前后活性炭纤维的表面形貌发生了很大变化。未改性活性炭纤维的表面比较光滑，且由片状的细纤维构成。活性炭纤维的孔结构很可能存在于这些细纤维中间。Na_2SO_4 改性活性炭纤维表面的刻蚀增大，粗糙度有所增加，整个表面开始呈现出颗粒化，这很可能使活性炭纤维的微孔数量增大。K_2SO_4 改性活性炭纤维的 SEM 图可以看出，K_2SO_4 不规则的附载在活性炭纤维表面，使活性炭表面的刻蚀进一步增大，其表面非常粗糙，而且颗粒化进一步增强。这使得活性炭纤维微孔的数量进步增多，使得其对乙醇气体的吸附性能进一步增强。

a b c

图 4-32 改性前后活性炭纤维的 SEM

a—ACF；b—$NaSO_4$-ACF；c—K_2SO_4-ACF

4.4.3.2 改性后活性炭纤维的 FTIR 分析

FTIR 可以对活性炭纤维的表面官能团进行定性分析。通过对未改性活性炭纤维、Na_2SO_4 改性活性炭纤维和 K_2SO_4 改性活性炭纤维进行傅里叶红外分析，得到改性前后活性炭纤维表面官能团的变化。由图可以看出活性炭纤维的特征吸收峰：3450cm^{-1}处的羟基峰，1600cm^{-1}处的羰基峰和 1200cm^{-1}处的 C-O-C 峰。由图 4-33 可以看出，改性活性炭纤维在 1600cm^{-1}和 3450cm^{-1}处的峰明显减弱，这可能是在碳化过程中部分 CO_2 和羟基脱落，使得羟基峰和羰基峰有所减弱。由于羰基的脱落，使得活性炭纤维表面生成了一些孔，从而使得吸附性能增强。改性后 1200cm^{-1}出的峰变得尖锐，这可能是因为在碳化过程中，共轭体系增大，使得峰变得尖锐。

4.4.3.3 改性后活性炭纤维的 XRD 分析

通过 XRD 可以考察改性活性炭纤维内石墨晶体的变化趋势。从图 4-34 中的

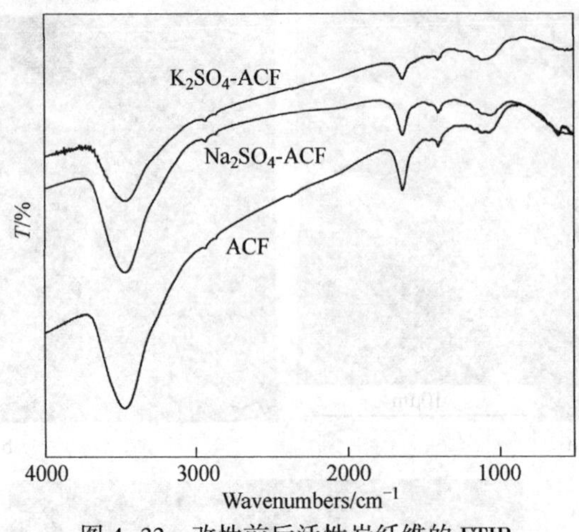

图 4-33　改性前后活性炭纤维的 FTIR

衍射峰分别为炭的（002）晶面和（100）晶面的衍射峰。从图 4-34 可以看出，改性前后的活性炭纤维发生了一定的变化，（002）和（100）衍射峰都有所减弱。这可能是因为无机盐的作用使得石墨晶体便面发生刻蚀作用。由于刻蚀作用，使得石墨晶体变小，从而导致了活性炭纤维孔结构的增多。这种刻蚀作用也使得活性炭纤维内部结构的无序化，增大的比表面积，从而增大了活性炭纤维对乙醇气体的吸附量。

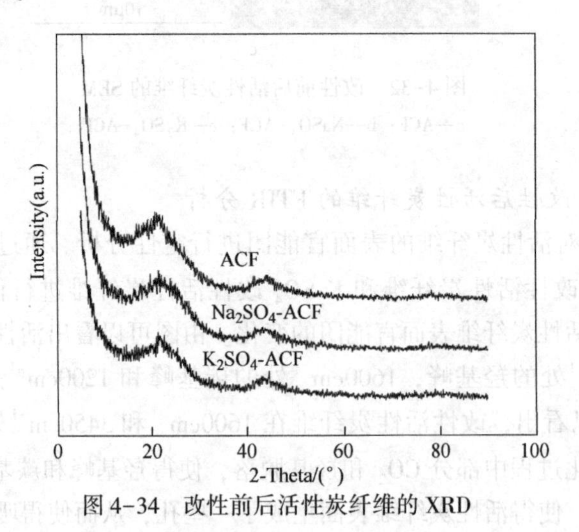

图 4-34　改性前后活性炭纤维的 XRD

4.4.4　小结

（1）选用硫酸钾和硫酸钠为浸渍液，然后在相同的条件下进行改性处理。由数据可以看出，不同的浸渍液对改性后活性炭纤维吸附乙醇的性能有很大的影响。经过改性后活性炭纤维的饱和吸附量、饱和吸附时间、穿透吸附量及穿透时间较未改性活性炭纤维已经有了很大程度的提高。综合考虑各个因素的影响，决定选用硫酸钾为浸渍液对活性炭纤维进行改性。

（2）综合考察了浸渍浓度、浸渍时间、碳化温度和碳化时间对改性活性炭纤维吸附乙醇气体的吸附性能的影响。从实验结果可以看出，随着浸渍浓度、碳化时间和碳化温度的升高，改性活性炭纤维对乙醇的吸附量呈现先增大后减小的趋势。这是由于当硫酸钾过量时，过量的硫酸钾覆盖在活性炭纤维的表面，会堵塞一部分微孔，导致活性炭纤维的比表面积降低，从而饱和吸附量减小。而碳化温度过高或碳化时间过长，活性炭纤维的表面则出现坍塌，使得活性炭纤维的比表面积减小，使得活性炭纤维的吸附能力减小。

（3）改性后活性炭纤维表面颗粒化程度增大，表面的粗糙度增大，使得活性炭纤维的孔结构增多。FTIR 中羰基峰和羟基峰的脱落也说明了活性炭纤维表面的微孔结构增多。XRD 中的（002）和（100）衍射峰都有所减弱。由于无机盐的刻蚀作用使得石墨晶体变小，活性炭纤维内部无序化程度增大，增大了其比表面积，从而增大了其吸附性能。

参考文献

[1] 李坚，宁红艳，马东柱，等．变压吸附分离煤矿瓦斯吸附剂的选择及改性［J］．煤炭学报,2012，37（1）：126~130.

[2] 杜卫兵．变压吸附技术的进展及其在工业上的应用［J］．宁波化工，2012（1）：24~26.

[3] 杨座国，乐清华，徐菊美，等．变压吸附的实质［J］．化工高等教育，2012，4：77~80.

[4] 连明磊，冯权莉，宁平．载乙醇活性炭真空微波共沸精馏解吸实验的研究［J］．水处理技术，2008，34（8）：22~24.

[5] Yu Qiong-Fen，Yi Hong-Hong，Tang Xiao-Long，et al. Adsorption isotherm of phosphine onto $CoCl_2$-modified activated carbon fiber［J］. Journal of Central South University（Science and Technology），2010，41：381~386.

[6] Wang Ying，Qu Jiuhui，Wu Rongcheng，et al. The electrocatalytic reduction of nitrate in water on Pd/Sn - modified activated carbon fiber electrode［J］. Water Research，2006，40：1224~1232.

[7] 殷求义，陈绍云，张永春，等．改性活性炭纤维吸附脱除气态汞［J］．环境工程学报，2012，6（8）：2764~2768.

[8] 高首山．活性炭纤维的化学改性［J］．鞍山钢铁学院学报，2000，23（6）：406~409.

[9] 邢伟，张明杰，闫子峰．超级活性炭的合成及活化反应机理［J］．物理化学学报，2002，12（2）：340~345.

[10] 杨全红，郑经堂，王茂章，等．二次碳化对PAN-ACF结构和性能的影响［J］．离子交换与吸附，1999，15（5）：385~390.

[11] Valente Nabais J M，Mouquinho A，Galacho C，et al. In vitro adsorption study of fluoxetine in activated carbons and activated carbon fibers［J］. Fuel Processing Technology，2008，89（5）：549~555.

[12] 程抗，王祖武，左蓉，等．等离子体改性对活性炭纤维表面化学结构的影响［J］．碳素，2008（3）：15~19.

5 活性炭纤维对含乙醇和甲苯印刷有机废气处理

本实验包括活性炭纤维吸附、活性炭纤维吸附甲苯和乙醇的吸附动力学分析、载有机组分活性炭纤维氮气氛围解吸以及微波辐照解吸对活性炭纤维吸附性能的影响4个部分。见图5-1。

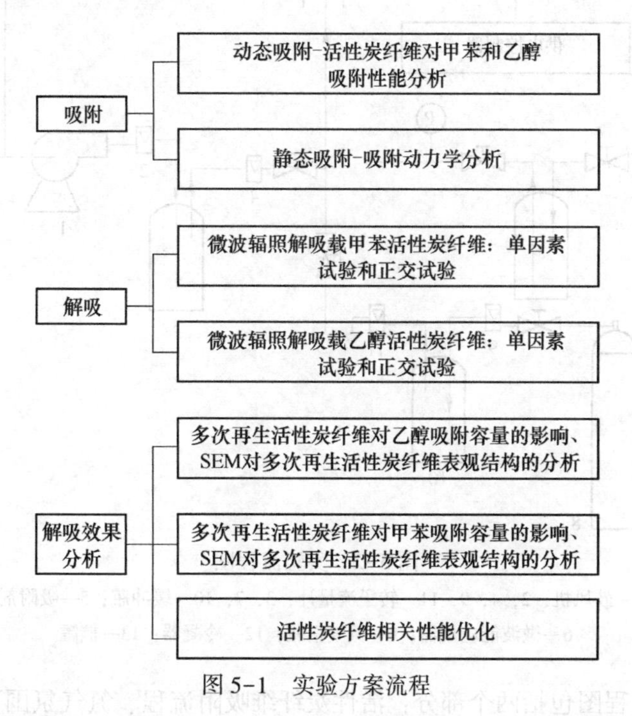

图5-1　实验方案流程

实验方案如图5-1所示，包括以下4个主要部分。

（1）吸附。动态吸附-活性炭纤维对甲苯和乙醇吸附性能分析以及静态吸附动力学分析。

（2）解吸。分别进行微波辐照解吸载乙醇和甲苯活性炭纤维实验，实验包括单因素试验和正交试验。

（3）微波辐照解吸对活性炭纤维对乙醇和甲苯吸附性能的影响。分别分析多次再生活性炭纤维对乙醇和甲苯吸附容量的影响、SEM对多次再生活性炭纤维表观结构的分析。

(4) 活性炭纤维相关性能优化。

实验设计流程装置图见图 5-2。

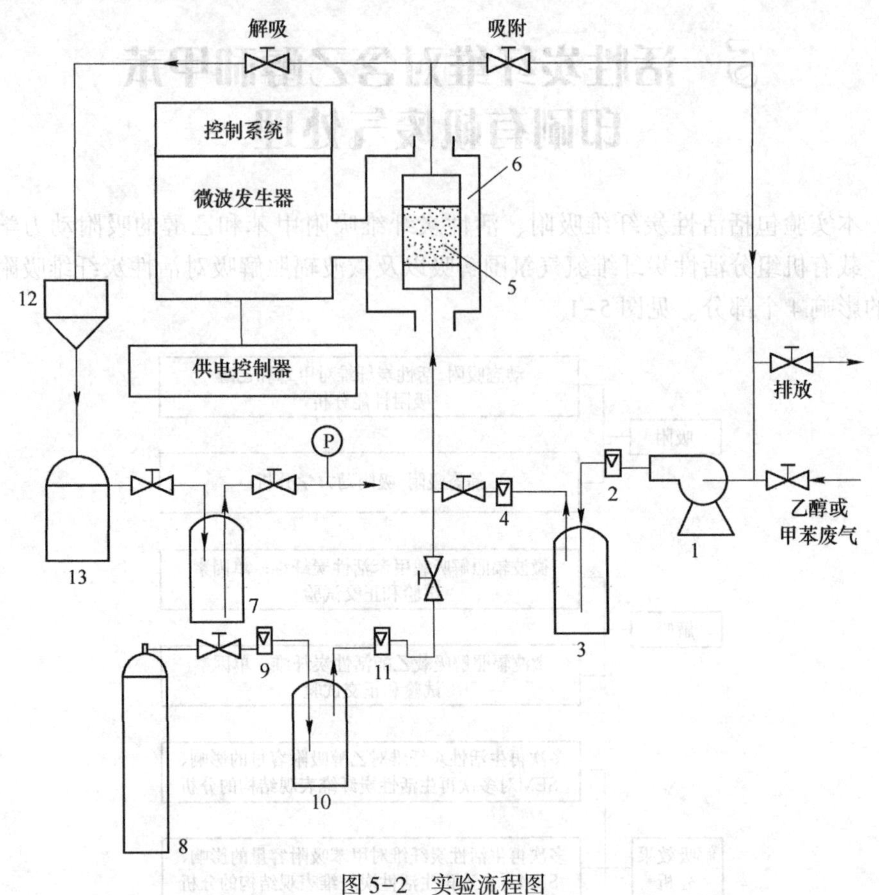

图 5-2 实验流程图

1—鼓风机；2，4，9，11—转子流量计；3，7，10—缓冲瓶；5—吸附剂；6—微波能应用器；8—氮气钢瓶；12—冷凝器；13—储罐

本实验流程图包括两个部分：活性炭纤维吸附流程、氮气氛围下的活性炭纤维微波解吸流程。实验流程图如图 5-2 所示。

吸附操作流程：

将解吸流程各阀门保持关闭状态，打开吸附流程阀门。然后开启鼓风机 1 电源，将乙醇或甲苯废气输送到系统中，通过缓冲罐 3 进入微吸附柱中与吸附剂 5 接触进行吸附，并通过转子流量计 2、4 控制乙醇或甲苯废气的流量。通过重量法，测定相应的吸附数据。

氮气氛围解吸操作过程：

吸附过程结束后，关闭吸附流程各阀门，打开解吸流程各阀门。然后打开氮气钢瓶 8 阀门，在系统中充入氮气。通过转子流量计 9、11 控制氮气的流量，在冷凝器中通入冷水。开启微波发生器，解吸吸附饱和的吸附剂 5。解吸气体经冷凝器 12 冷凝后，馏出液进入到储罐 13 中。

5.1 活性炭纤维对乙醇和甲苯的动态吸附性能测定

本节将通过利用鼓泡法制备含有机成分的模拟废气，考察活性炭纤维对乙醇和甲苯气体的吸附性能。

5.1.1 甲苯和乙醇的物化性质

乙醇、甲苯和二甲苯在常温下均为无色易挥发的液体。甲苯和二甲苯有芳香气味，在凹印油墨中能与乙醇、乙醚、丁酮等溶剂混合作为溶剂使用。

在本实验中采用活性炭纤维作为吸附剂，活性炭纤维是非极性吸附材料，对非极性物质具有较强的吸附能力。脱附时，同等条件下，极性强的优先被脱除。不同有机物具有不同极性，乙醇极性高于甲苯，乙醇极性为 4.3，甲苯极性为 2.4，二甲苯极性为 2.5。

在实际的醇溶性凹印油墨印刷废气中乙醇的含量远高于甲苯和二甲苯含量，而活性炭纤维对甲苯和二甲苯吸附能力也高于乙醇。在吸附过程中，当乙醇吸附量达到穿透点时，甲苯和二甲苯吸附量还比较少远未达到穿透。

微波加热是通过对极性分子作用而实现加热作用，微波对极性较强的物质具有更强的加热能力。对于乙醇、甲苯和二甲苯，微波对乙醇具有更强的加热作用。

甲苯沸点为 110.8℃，二甲苯为 138℃，乙醇沸点为 78.9℃，甲苯沸点高于乙醇的沸点，有利于乙醇首先被分离出。

由于甲苯和二甲苯在分子结构和分子极性方面具有相似性，活性炭纤维的吸附和微波加热都与分子极性有关则可以将含有乙醇、甲苯以及二甲苯的三元物系简化为乙醇和苯类物质的两个部分作为考察对象，实验就简化为乙醇和甲苯的单独体系和甲苯-乙醇二元体系作为考察对象，甲苯密度为 0.866kg/m^3，熔点为 -95℃，沸点 110.8℃。本章主要使用精密电子天平准确称量吸附过程中活性炭纤维质量的变化，通过重量法表征活性炭纤维在吸附柱中对乙醇和甲苯的动态吸附性能。

5.1.2 吸附柱中的吸附现象

如图 5-3 所示，在气体吸附过程中，当气体进入吸附柱后，吸附剂和吸附质接触吸附现象开始发生，由入口处向出口方向气体中吸附质浓度逐渐递减。此时，吸附柱中由传质区和纯净区构成；随着吸附的发生，最先接触到含有吸附质的吸附剂逐渐达到吸附和脱附平衡，饱和区形成，此时吸附柱中同时存在饱和区、传质区以及纯净区；随着时间推移，吸附不断进行，纯净区和传质区逐渐消失，整个吸附柱达到饱和，整个吸附过程结束。

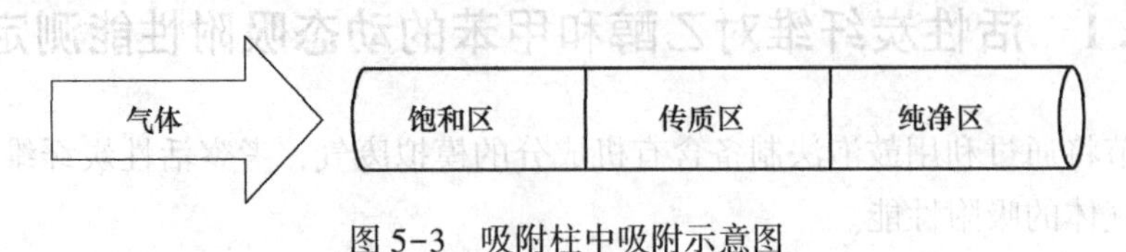

图 5-3 吸附柱中吸附示意图

5.1.3 活性炭纤维吸附含有机物气体的动态吸附试验

该实验采取鼓泡法以空气泵鼓入空气作为载气制备含有甲苯和乙醇的气体，选用尺寸为 2.520cm 的石英玻璃管作为吸附柱，运用玻璃转子流量计调节管路中的载气流量，使用精密电子天平以称量法测定吸附数据。

5.1.3.1 活性炭纤维吸附乙醇的动态吸附实验

将 5.000g 活性炭纤维填充至 2.520cm 的石英吸附柱，用于吸附以 40L/h 的干燥空气作为载气通过鼓泡法制备的含有乙醇气体，通过重量法测定不同时间活性炭纤维对乙醇的吸附值，直至吸附饱和。得到吸附时间与活性炭纤维对乙醇吸附值之间的相关曲线。见图 5-4。

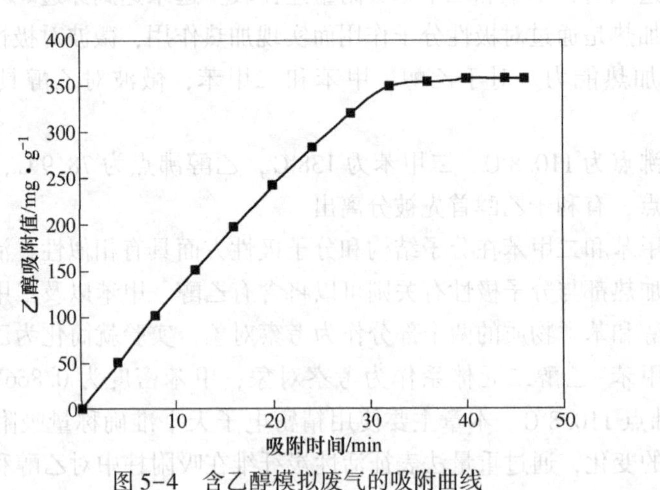

图 5-4 含乙醇模拟废气的吸附曲线

如图 5-4 所示，时间与乙醇吸附量关系曲线在 30min 之前斜率较高，32min 之后斜率逐渐变小，最后逐渐趋于水平状。由此可见，初始阶段，活性炭纤维对乙醇有较强的吸附能力，随时间变化乙醇吸附量逐渐增大，活性炭纤维对乙醇的吸附也趋于平衡，吸附能力急剧下降。因此，随着吸附的进行，活性炭纤维对乙醇的吸附能力逐渐降低，单位时间内的吸附量不断减小，在吸附的后阶段吸附曲线斜率呈下降趋势。

穿透曲线是吸附时间与排除气体浓度之间的关系曲线，可以反映吸附剂对气体的吸附性能，通过穿透曲线可以对吸附流程进行调节，优化吸附工艺，以更有效的对废气进行处理。穿透时间是吸附曲线上的特征点，通过对穿透时间的测定控制吸附工艺，不仅可以控制排放尾气的浓度范围，还可以使吸附剂得到最有效的利用以达到控制成本的目的。

穿透点表示在吸附过程中，吸附尾气吸附质浓度急剧上升的一个节点，穿透曲线可以在一定程度上反应吸附剂对吸附质的吸附性能。以下是用 5.000g 活性炭纤维填充至 2.520cm 的石英吸附柱，用于吸附以 40L/h 的干燥空气作为载气通过鼓泡法制备的含有乙醇气体时的穿透曲线。见图 5-5。

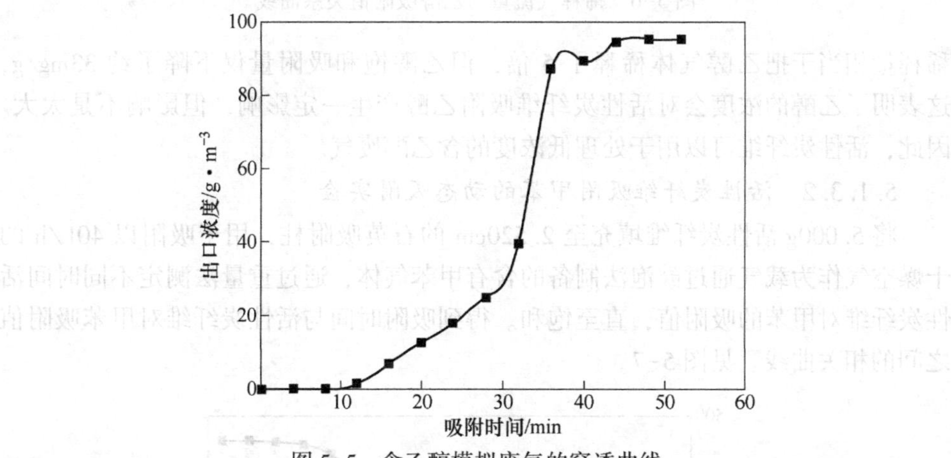

图 5-5 含乙醇模拟废气的穿透曲线

该穿透曲线反映了在吸附操作条件下，穿透点在 15min 附近，在 30min 之前活性炭纤维对乙醇都能维持较好的吸附能力，30min 后吸附能力急剧下降，出口浓度急剧上升。

将 5.000g 活性炭纤维填充至 2.520cm 的石英吸附柱，用于吸附以 40L/h 的干燥空气作为载气通过鼓泡法制备的含有乙醇气体，将另一转子流量计与配气气路并联作为调节气体浓度的稀释气气流，通过调节稀释气流量改变气体乙醇含量，运用测定不同稀释气流量情况下活性炭纤维对乙醇的饱和吸附值，得到稀释气流量与活性炭纤维对乙醇的饱和吸附值之间的相关曲线。见图 5-6。

在稀释气为 0 的情况下，活性炭纤维对乙醇的饱和吸附值约为 373mg/g，随着稀释气流量变大乙醇饱和吸附值呈下降趋势，当稀释气流量为 160L/h 时，活性炭纤维对乙醇的饱和吸附值约为 340mg/g。该曲线反映了在相同的温度填充条件下，活性炭纤维对乙醇的饱和吸附量随着乙醇浓度的增加而增加，160L/h 的

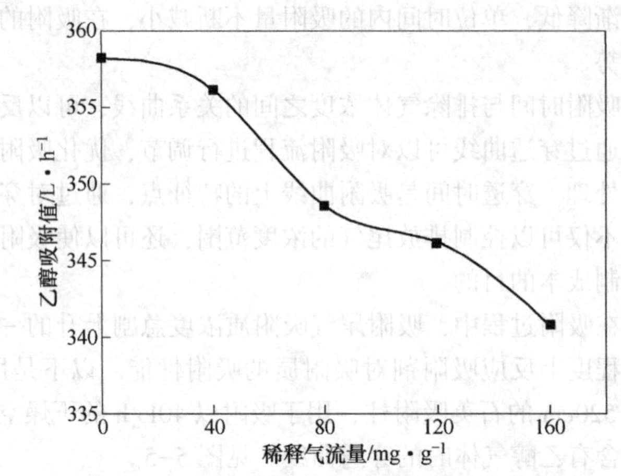

图 5-6　稀释气流量与乙醇吸附值关系曲线

稀释量相当于把乙醇气体稀释了 5 倍，但乙醇饱和吸附量仅下降了约 33mg/g，这表明了乙醇的浓度会对活性炭纤维吸附乙醇产生一定影响，但影响不是太大。因此，活性炭纤维可以用于处理低浓度的含乙醇废气。

5.1.3.2　活性炭纤维吸附甲苯的动态吸附实验

将 5.000g 活性炭纤维填充至 2.520cm 的石英吸附柱，用于吸附以 40L/h 的干燥空气作为载气通过鼓泡法制备的含有甲苯气体，通过重量法测定不同时间活性炭纤维对甲苯的吸附值，直至饱和。得到吸附时间与活性炭纤维对甲苯吸附值之间的相关曲线。见图 5-7。

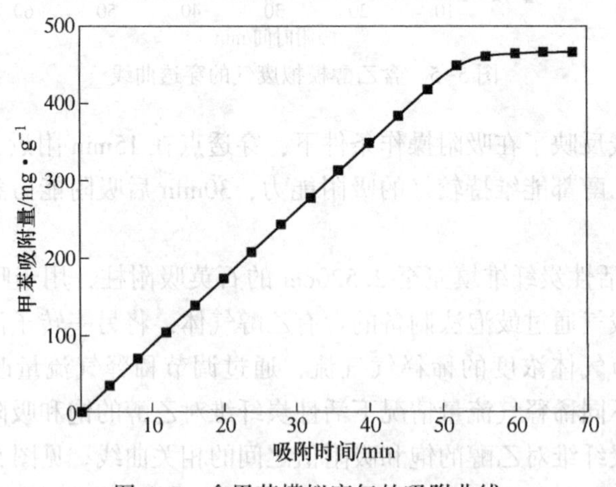

图 5-7　含甲苯模拟废气的吸附曲线

如图 5-7 所示，时间与甲苯吸附量关系曲线在 52min 之前基本呈现直线状，52min 之后斜率逐渐变小，最后逐渐趋于水平状。由此可见，初始阶段，活性炭纤维对甲苯有较强的吸附能力，随时间变化甲苯吸附量逐渐增大，活性炭纤维对甲苯的吸附也趋于平衡，吸附能力急剧下降。因此，随着吸附的进行，活性炭纤维对甲苯的吸附能力逐渐降低，单位时间内的吸附量不断减小，在吸附的后阶段吸附曲线斜率呈下降趋势。

在空气作为载气条件下，压力为常压，环境温度为10℃，载气流量为40L/h，甲苯的饱和吸附时间约为60min，饱和吸附量约为467mg/g。相比对乙醇的吸附，活性炭纤维对甲苯有较强的吸附能力。这说明在有机气体处理中，在较好地回收乙醇的条件下，可以有效地除去对人体和环境危害更大的甲苯。

图5-8是用5.000g活性炭纤维填充至2.520cm的石英吸附柱，用于吸附以40L/h的干燥空气作为载气通过鼓泡法制备的含有甲苯气体时的穿透曲线。

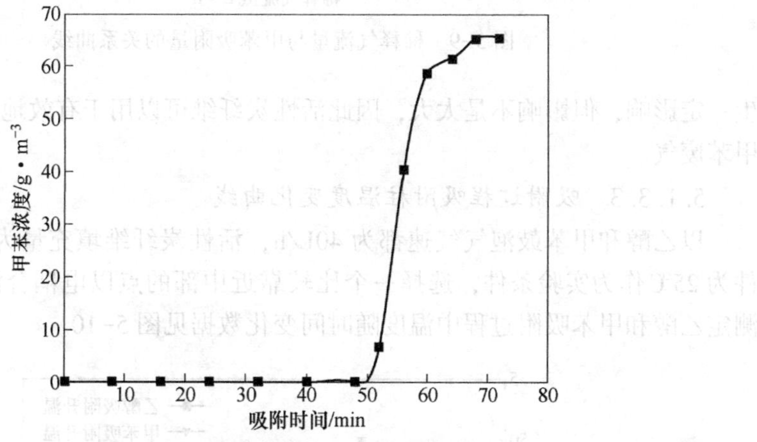

图5-8　含甲苯模拟废气的穿透曲线

图5-8数据表明，在操作条件下，活性炭纤维对甲苯的吸附穿透点出现在50min附近，穿透时间约为50min。

将5.000g活性炭纤维填充至2.520cm的石英吸附柱，用于吸附以40L/h的干燥空气作为载气通过鼓泡法制备的含有甲苯气体，通过调节稀释气流量改变气体中甲苯含量，运用重量法测定不同稀释气流量情况下活性炭纤维对甲苯的饱和吸附值，得到稀释气流量与活性炭纤维对甲苯的饱和吸附值之间的相关曲线。见图5-9。

在稀释气为0的情况下，活性炭纤维对甲苯的饱和吸附值约为465mg/g。随着稀释气流量变大甲苯饱和吸附值呈下降趋势，当稀释气流量为160L/h时，活性炭纤维对甲苯的饱和吸附值约为444mg/g。该曲线反映了在相同的温度填充条件下，活性炭纤维对甲苯的饱和吸附量随着甲苯浓度的增加而有微量的增加。根据实验数据，160L/h的稀释量相当于把含甲苯混合气体稀释了5倍，但甲苯饱和吸附量仅下降了约20mg/g，这表明了甲苯的浓度会对活性炭纤维吸附甲苯产

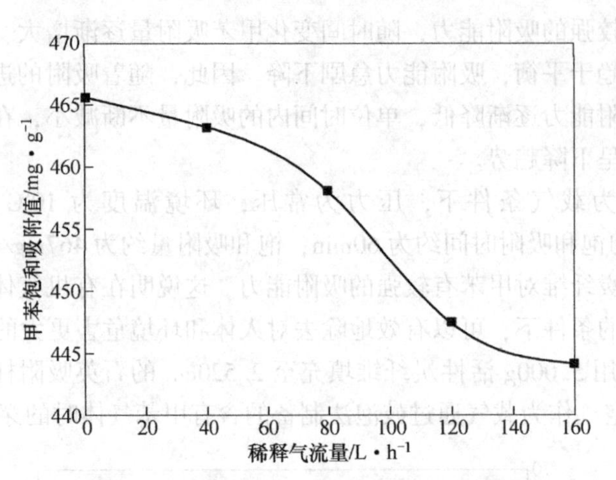

图 5-9 稀释气流量与甲苯吸附量的关系曲线

生一定影响，但影响不是太大，因此活性炭纤维可以用于有效地处理低浓度的含甲苯废气。

5.1.3.3 吸附过程吸附柱温度变化曲线

以乙醇和甲苯鼓泡气气速都为40L/h，活性炭纤维填充量为5.00g，室温条件为25℃作为实验条件，选择一个比较靠近中部的点以电耦合温度探测计分别测定乙醇和甲苯吸附过程中温度随时间变化数据见图5-10。

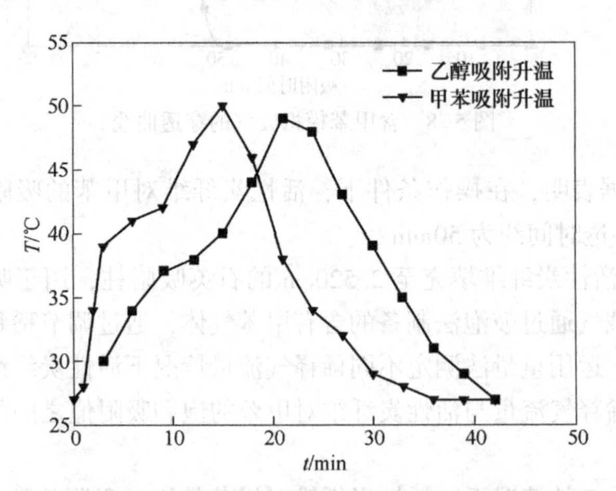

图 5-10 吸附时间与吸附柱温度变化的相关曲线

通过实验观测得到在对甲苯和乙醇的吸附过程中，初始温度都为27℃，吸附柱温度的极值分别为50℃和47℃，随着吸附过程的完成温度变化终点也为27℃，吸附柱中具有较强且不稳定的温度变化。温度变化具有以下特点：温度变化强烈的位置是由气体入口处向气体排放处推移，又由室温逐渐升高达到某一温度后逐渐降温直至室温。主要是因为吸附是一个放热的过程，载气中含有有机组分，在气体进入吸附柱入口处与活性炭纤维接触吸附过程随即在传质区开始发生，随着气体流动吸附柱纯净区各处温度开始上升。根据吸附传质理论，气体向出口方向移动过程中浓度随之递减；温度极值点随着传质区开始推移，传质区内吸附达到一定程度后吸附放热小于吸附柱散热，温度开始下降；随着入口方向吸附逐渐饱和出口方向的浓度随时间变化逐渐递增，吸附行为较为强烈的点向出口方向迁移，直至整个吸附柱吸附达到饱和。

根据单组分吸附实验可知，空气鼓入量同为40L/h的条件下，乙醇混合气体中的乙醇高于甲苯混合气中的甲苯；根据吸附柱温度的测定活性炭纤维吸附甲苯时吸附柱中温度极值为50℃高于吸附乙醇的温度极值47℃，这一定程度上反映了活性炭纤维吸附甲苯放出热量较多。

5.1.3.4 活性炭纤维含甲苯和乙醇的气体的动态吸附试验

实验过程中采用鼓空气法，配制混合气体，利用转子流量计调节不同的气路的空气流量分别鼓入装有乙醇和甲苯的配气瓶中，气体汇合后通入缓冲瓶，然后再通入吸附柱进行吸附。

通过鼓泡法配气，将乙醇的鼓泡气流量定为40L/h，通过改变甲苯配气瓶鼓泡气的流量配置不同甲苯含量的气体，通过装载活性炭纤维的石英吸附柱进行吸附试验，通过重量法测定吸附数据。共五组实验，甲苯配气瓶鼓气量分别为0L/h、16L/h、24L/h、32L/h以及40L/h。处理数据，得出吸附量与时间的关系曲线。见图5-11。

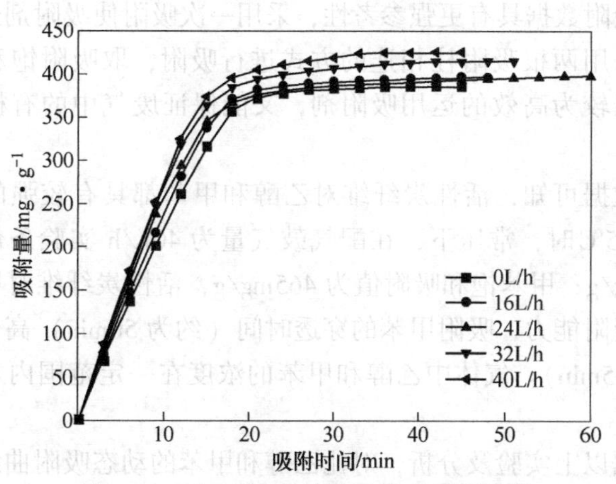

图5-11 含乙醇与甲苯混合废气吸附曲线

由图5-11观察到，在吸附不同甲苯鼓泡量的配气过程中，随着甲苯配气量的上升，饱和吸附量逐渐上升。根据分析这是由于活性炭纤维在相同条件下对甲苯的吸附能力强于对乙醇的吸附能力，配气中甲苯比例随着甲苯配气瓶鼓入气流量的上升而上升，活性炭纤维饱和吸附量也随之上升；同时，实验也表明穿透时间随着甲苯配气瓶鼓气量的上升而下降，这是因为随着甲苯配气瓶鼓气量的上升单位时间内被带出的甲苯量上升，单位时间内随配气进入吸附柱的有机气体总量也随之上升。

同时通过观察还发现，在相同吸附条件下，饱和吸附时间呈现出先增加后降低的趋势。这些现象可能是由于活性炭纤维吸附甲苯和乙醇时存在的竞争吸附所导致的。

乙醇的极性为 4.3，甲苯的极性为 2.4，甲苯的非极性强于乙醇，由于活性炭纤维是一种非极性吸附材料，对非极性较强的物质具有较强的吸附能力。因此，活性炭纤维对甲苯的吸附能力强于乙醇。同时，由于混合气中乙醇含量高于甲苯含量，乙醇饱和吸附值高于甲苯饱和吸附值，吸附过程中活性炭纤维先于甲苯对乙醇达到吸附饱和，随着甲苯和乙醇混合气的持续进入，竞争吸附导致了甲苯对吸附剂上吸附的乙醇进行置换。

5.1.4 小结

通过测试含乙醇和甲苯的模拟废气吸附曲线为后续的解吸实验提供数据支持，测定不同载气气速下混合气体的吸附值随时间的变化可以分析出活性炭纤维吸附混合气体过程中的穿透吸附时间（s）、穿透吸附量（mg/g）、饱和吸附时间（s）以及饱和吸附量（mg/g）等数据。在吸附过程中，达到穿透点之前排放的尾气吸附质浓度较低，穿透点之后排放的吸附尾气吸附质含量急剧上升。解吸实验中，为了使吸附数据具有更强参考性，采用一次吸附使吸附剂达到饱和。实际吸附过程中可采用两根吸附柱相连的方式进行吸附，取吸附饱和吸附柱用于解吸，这样既可以较为高效的运用吸附剂，又能保证废气中的有机物得到较好的吸附。

通过实验数据可知，活性炭纤维对乙醇和甲苯都具有较强的吸附能力。同时，在温度为25℃时，常压下，在配气鼓气量为 40L/h 实验条件下，乙醇饱和吸附值为373mg/g，甲苯饱和吸附值为 465mg/g，活性炭纤维对甲苯的吸附能力强于对乙醇的吸附能力，吸附甲苯的穿透时间（约为 50min）高于吸附乙醇的穿透时间（约为 15min）。气体中乙醇和甲苯的浓度在一定范围内对饱和吸附值的影响较小。

此外，根据以上实验及分析，对比乙醇和甲苯的动态吸附曲线表明，在实验条件下，运用活性炭纤维吸附乙醇和甲苯混合气体时，由于活性炭纤维对甲苯具有更强的吸附能力，脱除乙醇的同时，对环境危害作用更大甲苯能得到有效脱除。综合以上实验现象，通过活性炭纤维吸附模拟印刷废气可以有效地去除废气中含有的乙醇和甲苯。

5.2 乙醇和甲苯的静态吸附动力学分析

本章通过分别测定一定浓度下不同时间活性炭纤维对乙醇以及甲苯的吸附值，拟合吸附动力学方程，并分析活性炭纤维吸附乙醇和甲苯的吸附动力学。此外，本章还将测定不同气速条件下活性炭纤维对乙醇和甲苯混合气体的吸附性能，为吸附实验提供理论和数据支持。

活性炭纤维是具备发达的孔状结构的纤维状吸附材料。活性炭纤维吸附乙醇、甲苯等有机气体以物理吸附为主，有吸附理论认为，初始阶段主要进行表面吸附，随后阶段是孔道扩散为主。通过第3章实验所得的吸附曲线可分析得：在活性炭纤维对乙醇和甲苯的吸附中，初始阶段斜率较高，乙醇和甲苯吸附值的上升几乎呈现出直线状，表现出的吸附能力较强；达到某一特定点后，随着时间的推移斜率逐渐变小，乙醇和甲苯吸附值上升较慢，吸附能力下降，与理论较为相符。

5.2.1 吸附热力学平衡模型以及吸附动力学模型

吸附模型通常分为吸附热力学平衡模型以及吸附动力学模型[54]。

5.2.1.1 吸附热力学平衡模型

运用于探究吸附热力学平衡的模型常用的包括 Freundlich isotherm、Langmuir isotherm、二参数模型以及三参数模型等类型[55~57]。下面是关于一些常用的热力学方程的运用条件以及方程形式方面的简介。

Langmuir isotherm 的假设条件为：吸附过程是单层表面吸附、吸附剂的所有的吸附位均相同以及各被吸附粒子完全相互独立。

$$q = kC^{1/n} \tag{5-1}$$

二参数模型即 BET 模型，该模型常用于气相吸附的研究，二参数模型的假设条件为：吸附剂吸附吸附质的过程为多层吸附、吸附剂表面是均一的、吸附质之间没有相互的作用力。

5.2.1.2 吸附动力学模型

常用于探究吸附现象的动力学模型通常包括拟一级动力学模型、拟二级动力学模型，以及内扩散模型等经典吸附动力学模型[58,59]。

实验选用拟一级动力学、拟二级动力学模型以及内扩散模型等经典模型对吸附现象的吸附动力学进行研究，将一定量的有机物放置在自制的吸附器中自然挥发，使其充分挥发后称取适量的活性炭纤维作为吸附剂对混合气体进行吸附，通过重量法测定乙醇吸附值随时间的变化，得到相应的吸附数据。

拟一级动力学基本方程如下：

$$dq/dt = k_1(q_e - q) \quad (5\text{-}2)$$

边界条件：$t=0$，$q=0$；$t=t$，$q=q$，在边界条件基础上对方程积分可得：

$$\ln(q_e - q) = \ln q_e - k_1 t \quad (5\text{-}3)$$

拟二级动力学基本方程如下：

$$dq/dt = k_2(q_e - q)^2 \quad (5\text{-}4)$$

边界条件：$t=0$，$q=0$；$t=t$，$q=q$，在边界条件基础上积分可得到如下方程：

$$1/(q_e - q) = 1/q_e + k_2 t \quad (5\text{-}5)$$

内扩散模型的假设条件为：

(1) 液/气膜扩散阻力可以忽略或者是液/气膜扩散阻力只有在吸附的初始阶段的很短时间内起作用；

(2) 扩散方向是随机的、吸附质浓度不随颗粒位置改变；

(3) 内扩散系数为常数，不随吸附时间和吸附位置的变化而变化。

其方程表达为：

$$q_t = k_{ip} t^{1/2} + C \quad (5\text{-}6)$$

5.2.2 吸附动力学实验设计

在气体的吸附动力学实验设计方面，通常会出现一些误区，比如直接将吸附柱吸附数据用于经典吸附动力学模型的分析就是出现误区的一种表现形式。

本实验在常压、室温为25℃的条件下进行，通过该实验条件下，探究实验发现活性炭纤维吸附不同初始浓度的甲苯或乙醇达到吸附平衡的时间差异较大。根据吸附速率确定吸附剂对吸附质吸附量的测定时间，根据探究性试验结果以及乙醇的初始浓度不同，每3min或6min测定一次活性炭纤维对乙醇的吸附量，根据探究性试验结果以及甲苯浓度的不同每1min、1.5min或3min测定一次活性炭纤维对甲苯的吸附量，选择20h时的吸附量为该实验条件下的饱和吸附浓度。数据经过处理后，拟合吸附动力学方程对吸附过程进行分析。

5.2.3 乙醇吸附动力学实验

5.2.3.1 较低浓度的乙醇吸附动力学实验

在容量约为12L的容器中加入0.25mL乙醇，初始浓度约为16.4g/m^3，使其完全挥发后通过吸附实验测定其吸附数据。根据吸附数据分别拟合出准一级吸附动力学、准二级吸附动力学以及内扩散吸附模型的吸附曲线，吸附数据以及拟合曲线见表5-1。

表 5-1 较低浓度的乙醇吸附数据表

t/min	q/mg · g^{-1}	q_e-q/mg · g^{-1}	$\ln(q_e-q)$ /ln(mg · g^{-1})	$(q_e-q)^{-1}$/mg^{-1} · g	$t^{1/2}$/min$^{1/2}$
3	64.9	64.7	4.17	0.0155	1.732
6	95.5	55.5	4.01	0.0180	2.450
9	114.1	36.9	3.61	0.0271	3.000
12	125.1	25.9	3.25	0.0386	3.464
15	132.6	18.4	2.91	0.0543	3.873
18	137.8	13.2	2.58	0.0758	4.243
21	141.3	9.7	2.27	0.1031	4.583
24	143.9	7.1	1.96	0.1408	4.899

根据实验数据，分别对较低浓度的乙醇得出准一级、准二级以及内扩散吸附动力学模型拟合曲线见图 5-12。

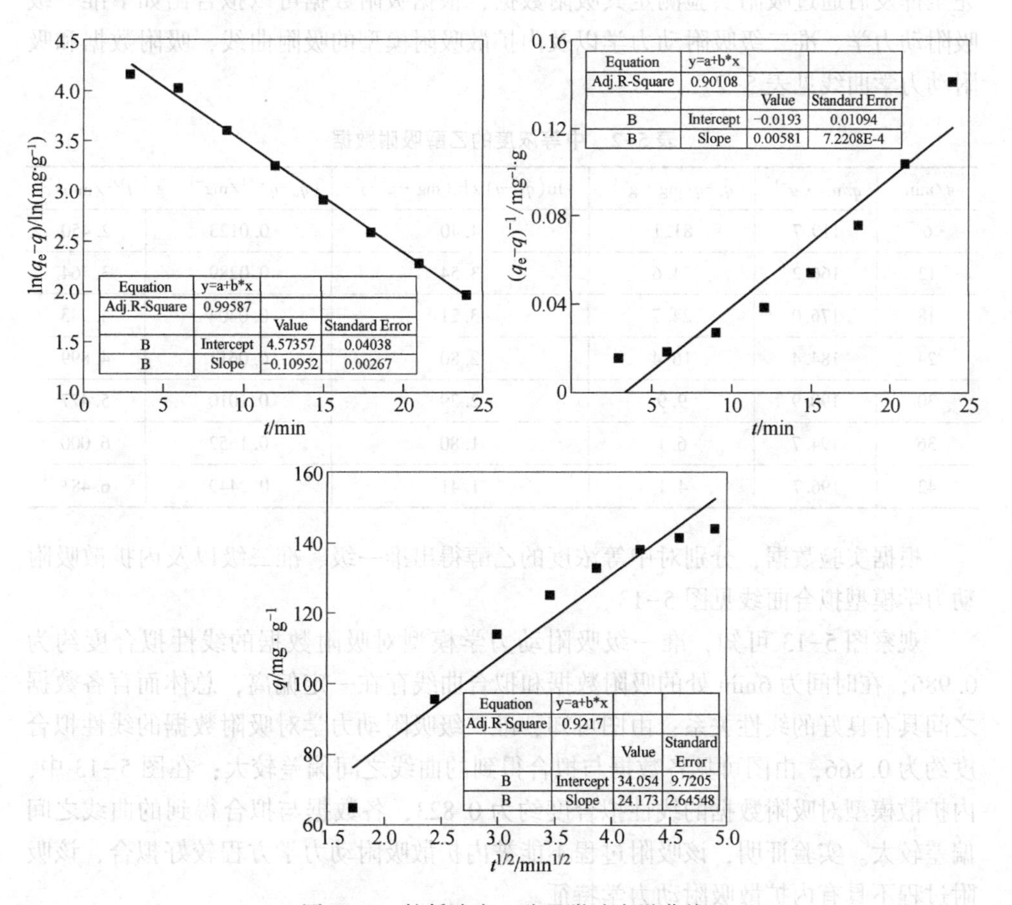

图 5-12 较低浓度乙醇吸附动力学曲线

通过图 5-12 可知，准一级动力学曲线拟合度为 0.996，处理后的吸附数据各点之间具有良好的线性关系；准二级动力学曲线拟合度为 0.901，拟合度较低，各吸附数据与拟合曲线存在较大的偏差，该吸附过程不能被准二级吸附动力学模型较好拟合；内扩散模型拟合度为 0.921，各数据与拟合得到的曲线之间偏差较大。实验证明，该吸附过程不能被内扩散吸附动力学方程较好拟合，该吸附过程不符合内扩散吸附动力学特征。

准一级、准二级以及内扩散吸附动力学模型拟合度分别为 0.996、0.901 和 0.921。对比三种吸附模型，准一级动力学模型对该吸附行为具有较好的拟合效果，其传质系数为 0.1093，拟合模型的方程表示为：

$$\ln(q_e - q) = -0.1093t + 4.5357 \tag{5-7}$$

5.2.3.2 中等浓度的乙醇吸附动力学实验

在容量约为 12L 的容器中加入 1.5mL 乙醇，初始浓度约为 98.6g/m³，使其完全挥发后通过吸附实验测定其吸附数据，根据吸附数据可以拟合出如下准一级吸附动力学、准二级吸附动力学以及内扩散吸附模型的吸附曲线，吸附数据和吸附动力学曲线见表 5-2。

表 5-2 中等浓度的乙醇吸附数据

t/min	q/mg·g^{-1}	q_e-q/mg·g^{-1}	$\ln(q_e-q)$/ln(mg·g^{-1})	$(q_e-q)^{-1}$/mg^{-1}·g	$t^{1/2}$/min$^{1/2}$
6	119.7	81.1	4.40	0.0123	2.450
12	166.2	34.6	3.54	0.0289	3.464
18	176.0	24.7	3.21	0.0404	4.243
24	184.4	16.4	2.80	0.0611	4.899
30	190.9	9.9	2.29	0.1010	5.477
36	194.7	6.1	1.80	0.1652	6.000
42	196.7	4.1	1.41	0.2449	6.481

根据实验数据，分别对中等浓度的乙醇得出准一级、准二级以及内扩散吸附动力学模型拟合曲线见图 5-13。

观察图 5-13 可知，准一级吸附动力学模型对吸附数据的线性拟合度约为 0.986，在时间为 6min 处的吸附数据和拟合曲线存在一定偏离，总体而言各数据之间具有良好的线性关系；由图可知，准二级吸附动力学对吸附数据的线性拟合度约为 0.866，由图可见各数据与拟合得到的曲线之间偏差较大；在图 5-13 中，内扩散模型对吸附数据的线性拟合度约为 0.823，各数据与拟合得到的曲线之间偏差较大。实验证明，该吸附过程不能被内扩散吸附动力学方程较好拟合，该吸附过程不具有内扩散吸附动力学特征。

对比三组数值可知该实验条件下的吸附过程通过准一级吸附动力学方程拟合

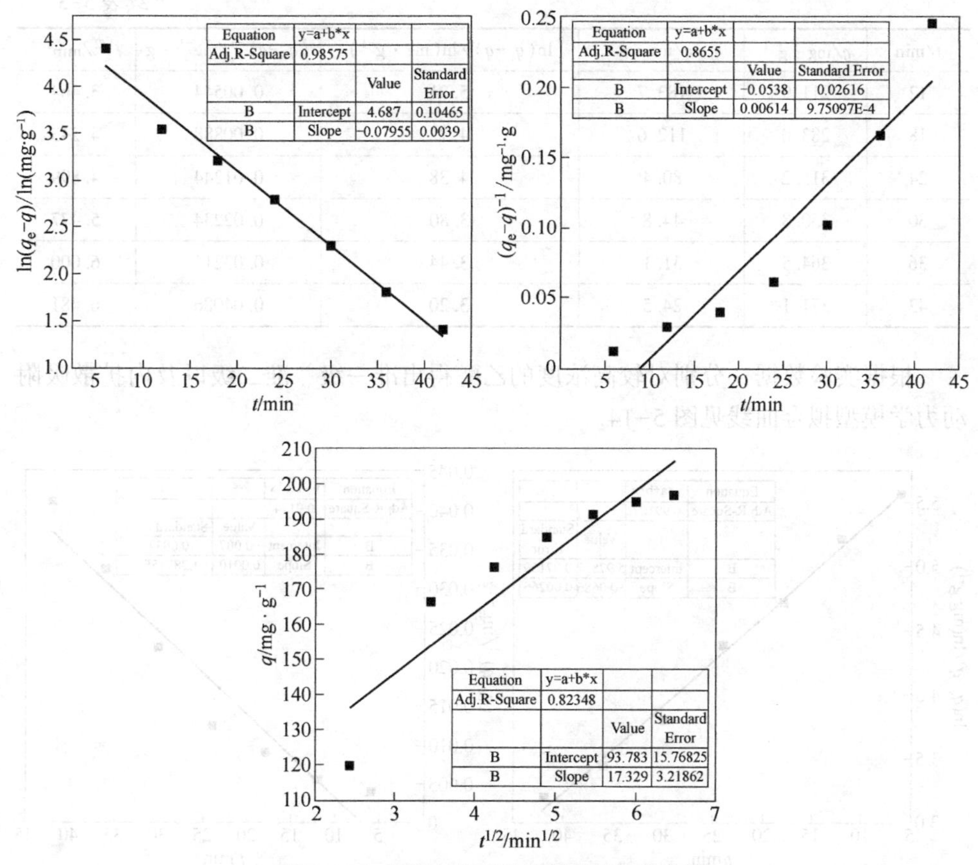

图 5-13 中等浓度乙醇的吸附动力学曲线

具有较好的拟合效果，该过程具有准一级吸附动力学特征。根据 origin 软件作图分析，得到该吸附过程准一级吸附动力学的传质系数约为 $k_1=0.0795$。拟合方程为：

$$\ln(q_e-q) = -0.0795t+4.6870 \quad (5-8)$$

5.2.3.3 较高浓度的乙醇吸附动力学实验

在容量约为 12L 的容器中加入 4.5mL 乙醇，初始浓度约为 295.9g/m³，使其完全挥发后通过吸附实验测定其吸附数据，根据吸附数据可以拟合出如下准一级吸附动力学、准二级吸附动力学以及内扩散吸附模型的吸附曲线，吸附数据和吸附动力学曲线见表 5-3。

表 5-3 较高浓度的乙醇吸附数据表

t/min	q/mg·g^{-1}	q_e-q/mg·g^{-1}	$\ln(q_e-q)/\ln(mg\cdot g^{-1})$	$(q_e-q)^{-1}/mg^{-1}\cdot g$	$t^{1/2}/min^{1/2}$
6	137.2	258.4	5.56	0.00387	2.450

续表 5-3

t/min	q/mg · g^{-1}	q_e-q/mg · g^{-1}	$\ln(q_e-q)/\ln(\text{mg}\cdot\text{g}^{-1})$	$(q_e-q)^{-1}$/mg^{-1} · g	$t^{1/2}$/min$^{1/2}$
12	211.9	183.7	5.21	0.00544	3.464
18	283.0	112.6	4.72	0.00888	4.243
24	315.2	80.4	4.38	0.01244	4.899
30	350.8	44.8	3.80	0.02234	5.477
36	364.5	31.1	3.44	0.03216	6.000
42	371.1	24.5	3.20	0.04086	6.481

根据实验数据，分别对较高浓度的乙醇得出准一级、准二级以及内扩散吸附动力学模型拟合曲线见图 5-14。

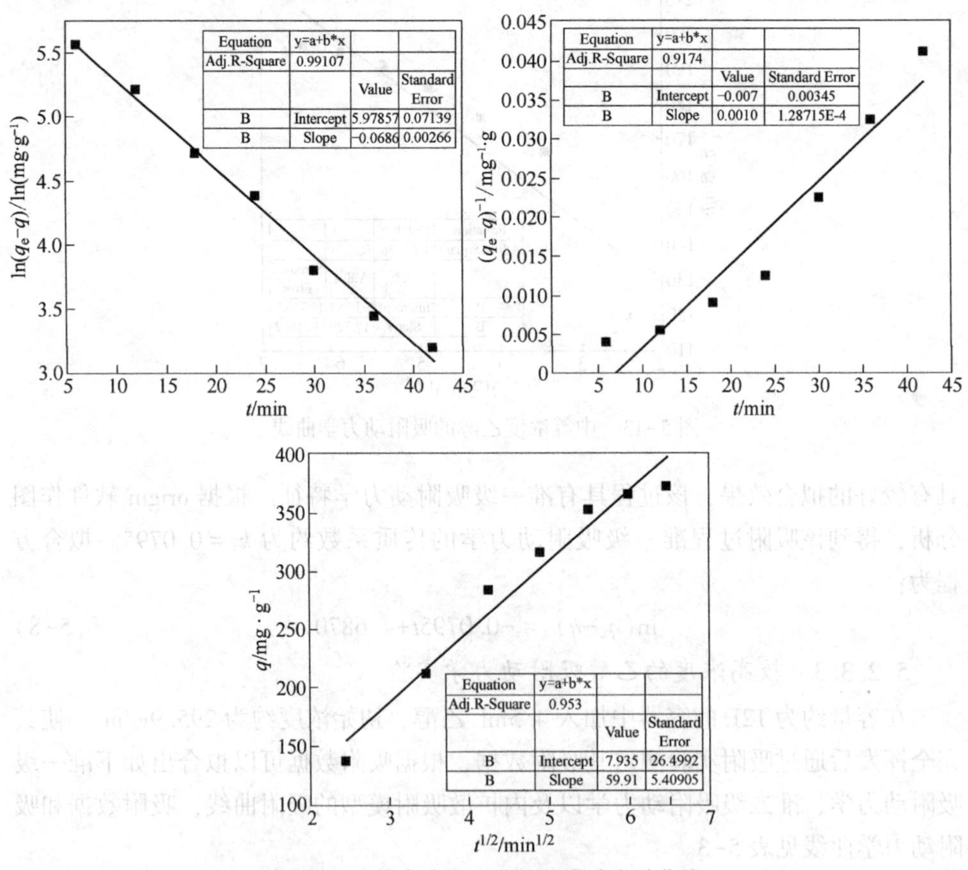

图 5-14 较高浓度乙醇的吸附动力学曲线

通过图 5-14，对比三组曲线，准一级吸附动力学曲线拟合度约为 0.988，在 30min 和 36min 处的吸附数据有一定的偏离，总体而言各数据之间具有良好的线性关系。准二级吸附动力学曲线拟合度约为0.917，各数据与拟合得到的曲线之间存在较大偏差；内扩散吸附动力学曲线拟合度约为0.953，各数据与拟合得到的曲线之间存在一定偏差。

对比三组数值可知该实验条件下的吸附过程通过准一级吸附动力学方程拟合具有较好的拟合效果，该过程具有准一级吸附动力学特征。准一级动力学曲线的传质系数约为$k_1=0.06869$，准一级吸附动力学模型对较高浓度的乙醇吸附过程拟合方程可表示为：

$$\ln(q_e-q) = -0.06869t+5.9786 \tag{5-9}$$

5.2.4　甲苯吸附动力学实验

5.2.4.1　较低浓度的甲苯吸附动力学实验

在容量约为12L的容器中加入0.25mL甲苯，甲苯初始浓度约为18.1g/m³，使其完全挥发后通过吸附实验测定其吸附数据，根据吸附数据可以拟合出如下准一级吸附动力学、准二级吸附动力学以及内扩散吸附模型的吸附曲线，吸附数据见表5-4。

表5-4　较低浓度的甲苯吸附数据

t/min	q/mg·g^{-1}	q_e-q/mg·g^{-1}	$\ln(q_e-q)$/ln(mg·g^{-1})	$(q_e-q)^{-1}$/mg^{-1}·g	$t^{1/2}$/min$^{1/2}$
3	50.9	139.3	4.94	0.0072	1.732
6	83.9	106.3	4.67	0.0094	2.450
9	104.4	85.8	4.45	0.0117	3.000
12	124.3	65.9	4.19	0.0152	3.464
15	137.2	53.0	3.97	0.0189	3.873
18	146.8	43.4	3.77	0.0230	4.243
21	154.3	35.9	3.58	0.0279	4.583
24	159.7	30.5	3.42	0.0328	4.899

根据实验数据，分别对较低浓度的甲苯得出准一级、准二级以及内扩散吸附动力学模型拟合曲线见图5-15。

观察图5-15，准一级动力学模型对吸附数据的线型拟合度为0.994，除去首尾两个数据与曲线存在一定偏离外，总体拟合效果较好；准二级动力学模型对吸附数据的拟合度为0.978，数据之间呈现出弧线状；内扩散模型的拟合度为0.977，数据之间趋势同样出现弧线状。

对比三种模型的拟合度以及数据与曲线的直观拟合效果，准一级动力学模型对该吸附行为具有较好的拟合效果，传质系数为0.007282，拟合模型为：

$$\ln(q_e-q) = -0.0728t+5.1068 \tag{5-10}$$

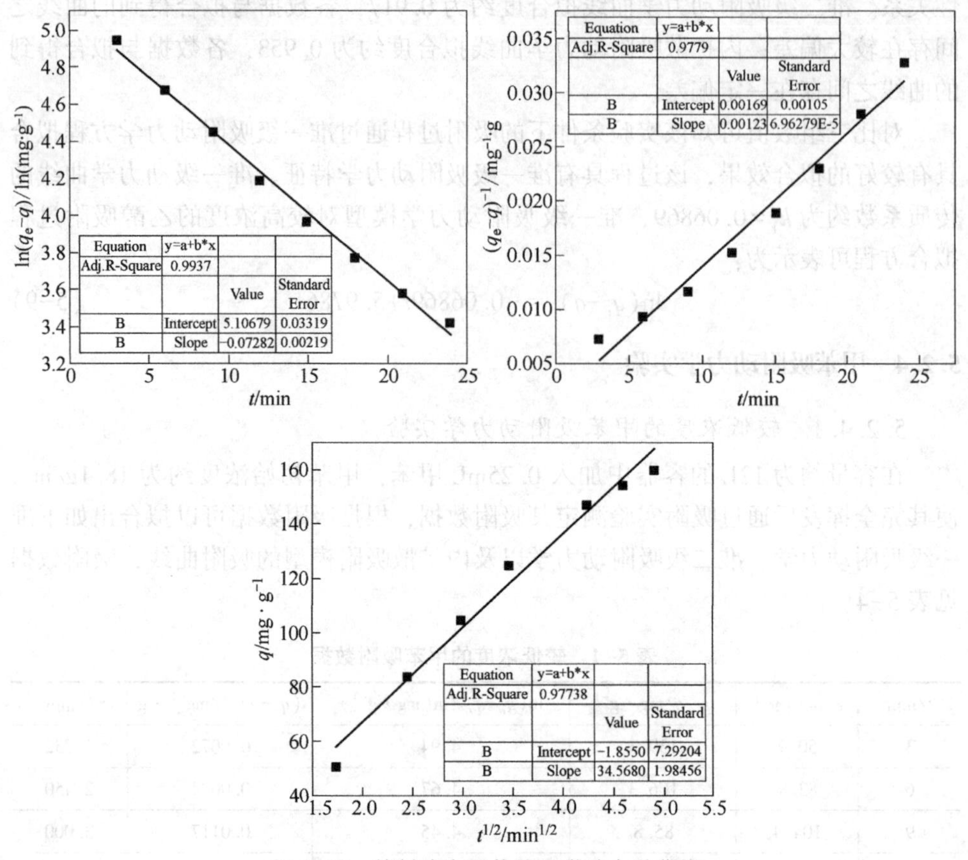

图 5-15　较低浓度甲苯的吸附动力学曲线

5.2.4.2　中等浓度的甲苯吸附动力学实验

在容量约为 12L 的容器中加入 1.5mL 甲苯，初始浓度约为 108.4g/m^3，使其完全挥发后通过吸附实验测定其吸附数据，根据吸附数据可以拟合出如下准一级吸附动力学、准二级吸附动力学以及内扩散吸附模型的吸附曲线，吸附数据和吸附动力学曲线见表 5-5。

表 5-5　中等浓度的甲苯吸附数据表

t/min	q/mg·g^{-1}	q_e−q/mg·g^{-1}	ln(q_e−q)/ln(mg·g^{-1})	(q_e−q)$^{-1}$/mg^{-1}·g	$t^{1/2}$/min$^{1/2}$
1.5	136.6	241.2	5.49	0.00415	1.225
3	225.9	152.0	5.02	0.00658	1.732
4.5	288.0	89.9	4.50	0.01112	2.121
6	318.3	59.6	4.09	0.01678	2.449
7.5	337.8	40.1	3.69	0.02493	2.739

续表 5-5

t/min	q/mg · g^{-1}	q_e-q/mg · g^{-1}	$\ln(q_e-q)/\ln(\text{mg}\cdot\text{g}^{-1})$	$(q_e-q)^{-1}$/mg^{-1} · g	$t^{1/2}$/min$^{1/2}$
9	349.2	28.6	3.36	0.03492	3.000
10.5	356.3	21.6	3.07	0.04638	3.240
12	363.0	14.9	2.70	0.06725	3.464
13.5	368.6	9.3	2.23	0.10776	3.674

根据以上吸附数据，分别对中等浓度的甲苯得出准一级、准二级以及内扩散吸附动力学模型拟合曲线如图 5-16 所示。

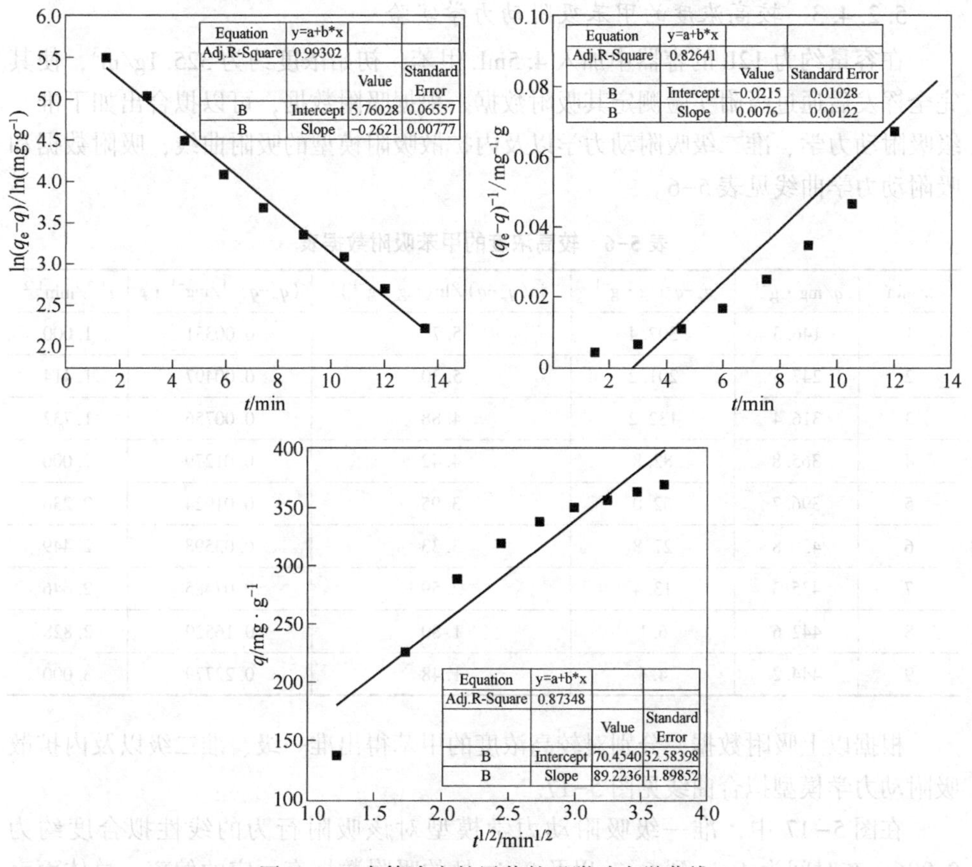

图 5-16 中等浓度的甲苯的吸附动力学曲线

甲苯准一级吸附动力学拟合可知，线性拟合度为 0.993，各数据之间存在较好的线性相关性；准二级吸附模型的线性拟合度约为 0.826，各数据与拟合得到的曲线之间存在较大偏差，该吸附过程被准二级吸附动力学方程拟合效果较差，该吸附过程不符合准二级吸附动力学特征。内扩散模型的线性拟合度约为 0.873，各数据与拟合得到的曲线之间偏差较大，该吸附过程不符合内扩散吸附动力学特征。

对比三组曲线，准一级吸附动力学曲线拟合度约为 0. 993，准二级吸附动力学曲线拟合度约为 0. 826，内扩散吸附动力学曲线拟合度约为 0. 873。对比三组数值可知该实验条件下的吸附过程通过准一级吸附动力学方程拟合具有较好的拟合效果，该过程具有准一级吸附动力学特征。实验证明，该吸附过程的吸附数据能被准一级吸附动力学方程较好的拟合。根据 origin 软件作图分析的传质系数 $k_1=0.2622$，准一级吸附动力学模型的拟合方程表示为：

$$\ln(q_e-q) = -0.2622t+5.7597 \tag{5-11}$$

5. 2. 4. 3　较高浓度的甲苯吸附动力学实验

在容量约为 12L 的容器中加入 4. 5mL 甲苯，初始浓度约为 325. 1g/m^3，使其完全挥发后通过吸附实验测定其吸附数据。根据吸附数据，可以拟合出如下准一级吸附动力学、准二级吸附动力学以及内扩散吸附模型的吸附曲线，吸附数据和吸附动力学曲线见表 5-6。

表 5-6　较高浓度的甲苯吸附数据表

t/min	q/mg · g^{-1}	q_e-q/mg · g^{-1}	$\ln(q_e-q)$/ln(mg · g^{-1})	$(q_e-q)^{-1}$/mg^{-1} · g	$t^{1/2}$/min$^{1/2}$
1	146. 3	302. 4	5. 71	0. 00331	1. 000
2	247. 5	201. 2	5. 30	0. 00497	1. 414
3	316. 4	132. 2	4. 88	0. 00756	1. 732
4	365. 8	82. 8	4. 42	0. 01279	2. 000
5	396. 7	52. 0	3. 95	0. 01924	2. 236
6	420. 8	27. 8	3. 33	0. 03598	2. 449
7	435. 3	13. 4	2. 59	0. 07485	2. 646
8	442. 6	6. 1	1. 80	0. 16529	2. 828
9	444. 2	4. 4	1. 48	0. 22779	3. 000

根据以上吸附数据，分别对较高浓度的甲苯得出准一级、准二级以及内扩散吸附动力学模型拟合曲线见图 5-17。

在图 5-17 中，准一级吸附动力学模型对该吸附行为的线性拟合度约为 0. 986，在时间为 4min 到 6min 以及 8min 处的吸附数据有一定的偏离，总体而言各数据之间具有良好的线性关系；准二级吸附动力学模型的线性拟合度约为 0. 707，各数据与拟合得到的曲线之间存在较大偏差，该吸附过程不符合准二级吸附动力学特征；内扩散模型对该吸附过程的线性拟合度约为 0. 921，各数据与拟合得到的曲线之间存在一定偏差。

对比三组曲线，准一级吸附动力学曲线拟合度约为 0. 986，准二级吸附动力

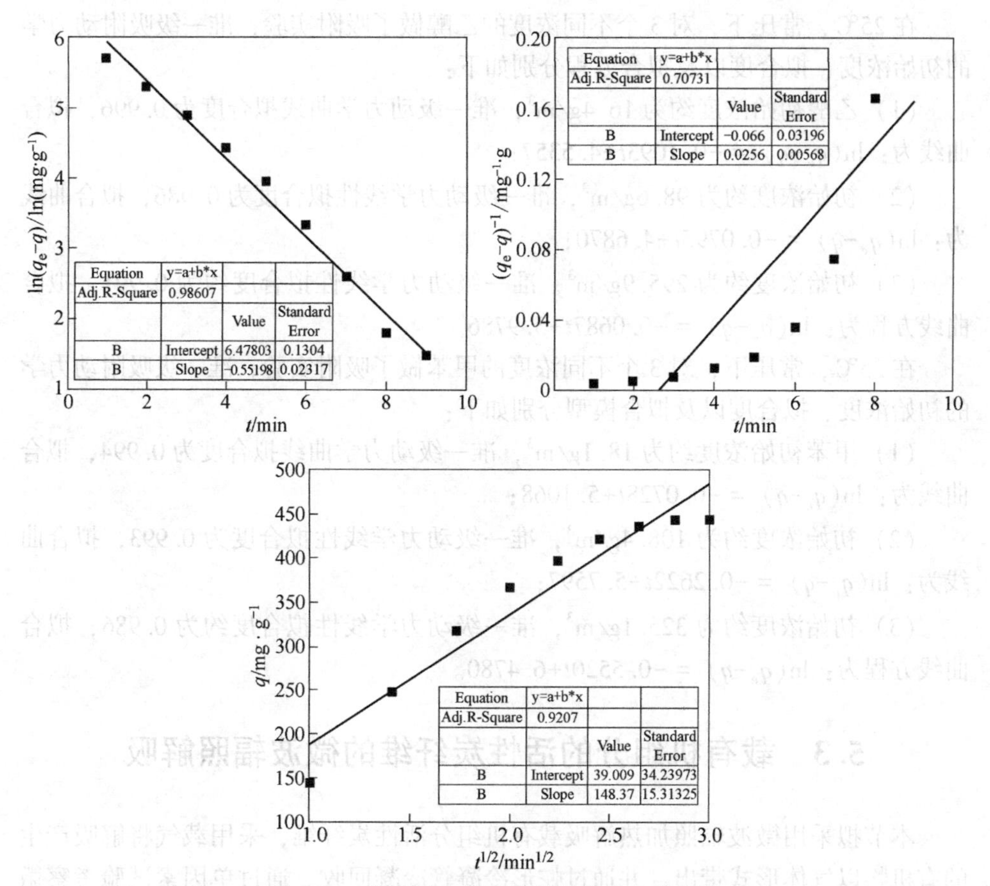

图 5-17 较高浓度的甲苯的吸附动力学曲线

学曲线拟合度约为 0.707，内扩散吸附动力学曲线拟合度约为 0.921。对比三组数值可知该实验条件下的吸附过程通过准一级吸附动力学方程拟合具有较好的拟合效果，该吸附过程的内扩散吸附动力学方程相比于准一级吸附动力学方程的拟合效果，该吸附过程更符合准一级吸附动力学特征。该过程具有准一级吸附动力学特征。根据 origin 软件作图分析的一级吸附动力学传质系数约为 $k_1=0.5520$。拟合方程为：

$$\ln(q_e-q)=-0.5520t+6.4780 \tag{5-12}$$

5.2.5 小结

该实验现象表明，活性炭纤维吸附不同浓度的单组分的乙醇或甲苯气体时，吸附过程在动力学上较为符合准一级动力学曲线。在准一级吸附动力学拟合曲线图上一些点存在一些偏差，这可能是由于取样造成吸附体系中物质的损失而导致的误差。

在25℃，常压下，对3个不同浓度的乙醇做了吸附实验，准一级吸附动力学的初始浓度、拟合度以及拟合方程分别如下：

(1) 乙醇初始浓度约为16.4g/m³，准一级动力学曲线拟合度为0.996，拟合曲线为：$\ln(q_e-q) = -0.1093t+4.5357$；

(2) 初始浓度约为98.6g/m³，准一级动力学线性拟合度为0.986，拟合曲线为：$\ln(q_e-q) = -0.0795t+4.6870$；

(3) 初始浓度约为295.9g/m³，准一级动力学线性拟合度约为0.991，拟合曲线方程为：$\ln(q_e-q) = -0.0687t+5.9786$。

在25℃，常压下，对3个不同浓度的甲苯做了吸附实验，准一级吸附动力学的初始浓度、拟合度以及拟合模型分别如下：

(1) 甲苯初始浓度约为18.1g/m³，准一级动力学曲线拟合度为0.994，拟合曲线为：$\ln(q_e-q) = -0.0728t+5.1068$；

(2) 初始浓度约为108.4g/m³，准一级动力学线性拟合度为0.993，拟合曲线为：$\ln(q_e-q) = -0.2622t+5.7597$；

(3) 初始浓度约为325.1g/m³，准一级动力学线性拟合度约为0.986，拟合曲线方程为：$\ln(q_e-q) = -0.5520t+6.4780$。

5.3 载有机组分的活性炭纤维的微波辐照解吸

本节拟采用微波辐照加热解吸载有机组分活性炭纤维，采用载气将解吸产生的有机物以气体形式带出，并通过蛇形冷凝管冷凝回收。通过单因素试验考察微波辐照功率、微波辐照时间、氮气气速以及活性炭纤维填充密度等因素解吸条件对微波氛围中解吸载有机组分的活性炭纤维解吸效果的影响，通过正交试验确定较好的解吸条件。

5.3.1 微波辐照解吸的特点

5.3.1.1 微波辐照活性炭纤维再生的特点

微波辐照法再生活性炭纤维，是在微波环境下活性炭纤维吸收微波并转化为热能，随之温度升高，在高温环境下实现吸附质与吸附剂的分离，这一过程同时存在传热和传质现象，实验通过载气将被分离的吸附质带出以促进传质的进一步进行，但载气带出被解吸的吸附质的同时会带走大量的热。活性炭纤维对微波具有较强的吸收效果。因此，微波加热活性炭纤维具有加热均匀、能量利用率高、升温迅速以及有利于产生较高浓度解吸物的特点。

5.3.1.2 挥发性有机物吸附质分离回收的特点

活性炭纤维对有机物具有良好的吸附性能，可以通过解吸对吸附剂进行再生，同时对吸附质进行分离回收。热解吸过程中，由于高温的作用有机物的饱和蒸汽压会得到较大提高，可通过载气将有机物带出，通过冷凝法进行回收。由于微波加热后解吸物随载气带出具有较高温度和浓度，有利于冷凝过程的进行，冷凝法对有机物进行回收具有工艺简单和回收率高的优点。

5.3.2 载气的选择

载有机物活性炭纤维的解吸，通过设计一种经济可行的方法进行解吸实验，可达到节约能源和提高解吸效率的目的。实验需利用一种比较经济且利于回收被解吸出的有机物的气体作为载气进行解吸，实验用载气拟采用空气或氮气。

空气是一种来源最为广泛的气体，如果可实现空气作为载气用于解吸将可大大降低解吸操作的成本。空气作为载气解吸的难度在于空气中含有部分的氧气，在温度超过被加热物质的燃点之后会产生燃烧，同时可燃物为气体时将会有爆炸的危险。因此，在实验探究阶段采用吸附质的活性炭纤维为被加热物质，以低功率的微波为加热条件探究空气作为载气进行解吸实验的可能性。

5.3.2.1 空气环境下微波加热活性炭纤维

常温常压下，均匀填充 5.000g 活性炭纤维至石英管中，连接好实验装置，通过开启循环泵进行鼓风操作，以气体玻璃转子流量计调节空气流量，实验采用加铠的电耦合温度传感器测定加热过程中活性炭纤维温度变化，实验采用经改装的格兰仕 WP800 型微波炉作为微波加热装置。调节空气流量为 40L/h，将微波功率调节至最小挡 136W。通过电耦合温度传感器观察到，活性炭纤维温度迅速上升，在 50s 附近，电耦合温度传感器显示温度超过 300℃，活性炭纤维出现过热氧化现象，吸附柱出现。

探究实验证明，由于实验条件限制，试验用微波炉功率过高，加热温度超过了乙醇和甲苯的燃点，以空气作为载气的方法不可行。

因此，空气作为载气微波解吸载乙醇或甲苯的活性炭纤维可能会产生以下反应：

$$C_2H_5OH+O_2 \longrightarrow CO_2+H_2O$$

$$C_6H_5CH_3+O_2 \longrightarrow CO_2+H_2O$$

以空气直接作为载气微波辐照解吸有机吸附质，由于温度过高而产生燃烧现象会导致吸附质的损失，甚至会由于空气与可燃气体的混合产生爆炸的危险。

5.3.2.2 氮气载气

因此，本实验选用氮气作为载气，氮气在高温下活性远比氧气低，且氮气不易与乙醇和甲苯等有机物发生化学反应。此外，相对于其他气体而言，氮气是空气的主要成分，氮气廉价易得，而且氮气直接排放到空气中不会对空气环境造成二次污染。

5.3.3　解吸实验流程

(1) 按照图 2-2 所示装置图连接微波辐照解吸实验装置，关闭出口阀门，通过压力表指数检查装置气密性。

(2) 根据实验要求通过吸附制备待解吸的载有机组分的活性炭纤维，根据预设的实验条件调节实验装置中微波功率、活性炭纤维填充密度、氮气线速以及加热时间，通入氮气一定时间后打开微波加热装置并开始计时，达到预定加热时间后关闭微波炉，停止通入氮气。

(3) 通过重量法测定载有机组分活性炭纤维的解吸率和活性炭纤维烧失率，并按照以上方法完成各组实验。

5.3.4　载乙醇活性炭纤维解吸实验

5.3.4.1　单因素试验

通过选择考察的解吸条件包括：微波辐照功率（W）、辐照时间（s）、氮气流速（L/h）、活性炭纤维填充密度（g/cm^3）等对解吸率的影响，根据单因素试验数据选取正交试验的实验范围。

(1) 辐照时间对解吸率以及烧失率的影响。

环境条件为常温常压，操作条件为活性炭纤维填充量为 5.00g，微波辐照功率为 320W，载气氮气流量为 16L/h，活性炭纤维填充密度在 0.085g/cm^3，通过改变微波的辐照时间，考察吸附过程中微波的辐照时间对解吸率以及对活性炭纤维烧失率的影响。该过程中辐照时间分别为 40s、80s、120s、160s。根据实验结果，作出相应的辐照时间与载乙醇的活性炭纤维解吸率以及辐照时间与活性炭纤维烧失率之间的关系图，见图 5-18。

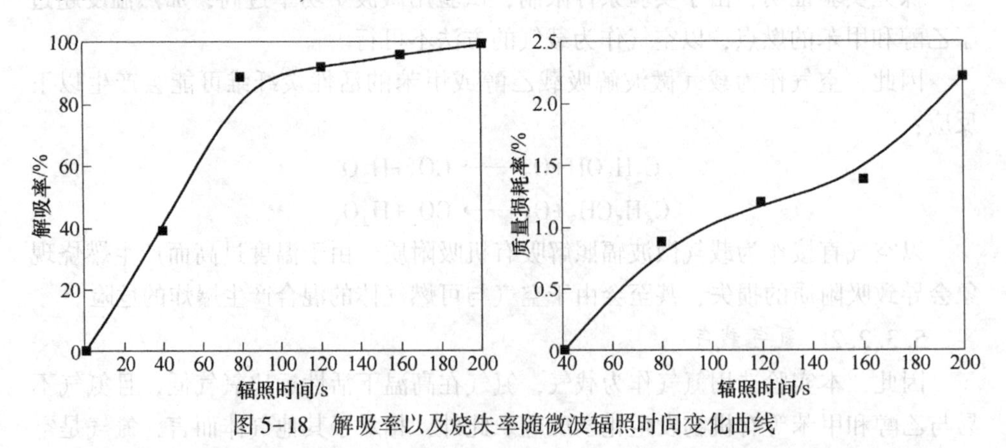

图 5-18　解吸率以及烧失率随微波辐照时间变化曲线

在相同微波辐照功率下，单位时间单位体积内活性炭纤维吸收的微波能量大致相同，该过程考察了随时间变化解吸率与活性炭纤维质量损耗率的变化。

由图 5-18 可知，在既定条件下，随辐照时间的增加，载乙醇活性炭纤维的解吸率以及活性炭纤维的质量损耗率从 0 上升到约为 2.25%，呈上升的趋势。其中，在辐照时间为 0 到 80s 之间解吸率随辐照时间的变化较快；在 80s 之后解吸率达到较高水平，变化趋于缓慢。

这些现象的原因可能是，在活性炭纤维表面，吸附质与吸附剂存在易解吸和难解吸的结合方式，易解吸结合方式耗能较少，而难解吸的结合方式耗能较高。在解吸过程中，易被破坏得以解吸的一类结合方式首先被解吸，当解吸达到一定的水平后，需要耗能较多的结合方式则较难被破坏，因此解吸率上升的趋势随之减缓。同时，随着解吸时间的增加，解吸率升高到一定水平后（约为 90%左右），活性炭纤维的质量损耗急剧提升，这可能是由于随着解吸率的提高，单位时间解吸产生的乙醇气体减少，带走的热量也随之减少，活性炭纤维升温速率加快，活性炭纤维产生质量损耗的速率也随之加快。

（2）微波辐照功率对解吸率以及烧失率的影响。

环境条件为常温常压，操作条件为活性炭纤维填充量为 5.00g，载气氮气流量为 16L/h，微波的辐照时间为 80s，活性炭纤维填充密度在 0.085g/cm^3，测定不同微波辐照功率下载乙醇活性炭纤维的解吸率和活性炭纤维的质量损耗率，考察吸附过程中微波辐照功率对解吸以及对活性炭纤维烧失的影响。该过程中辐照时间分别为 136W、290W、528W、680W、800W。根据实验结果，作出辐照时间与载乙醇的活性炭纤维解吸率以及辐照功率与活性炭纤维烧失率之间的关系图，见图 5-19。

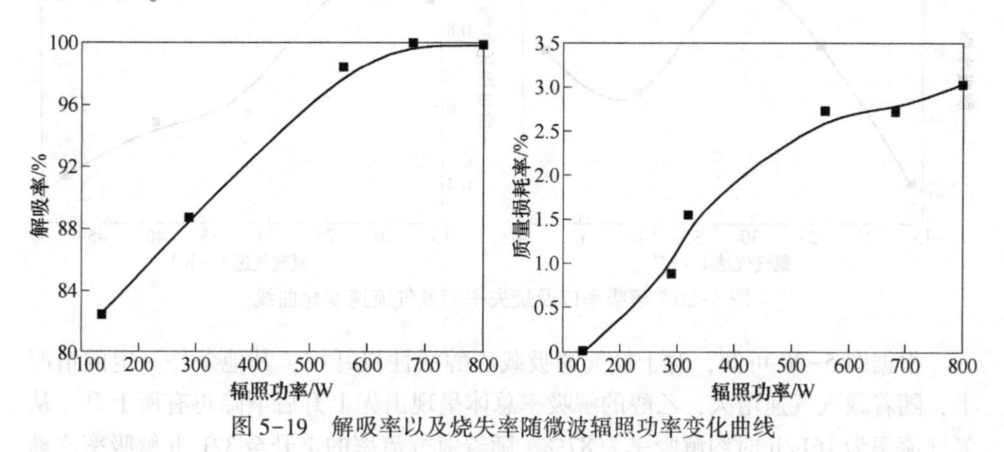

图 5-19　解吸率以及烧失率随微波辐照功率变化曲线

由图 5-19 可知，在随着微波辐照功率的上升，载乙醇活性炭纤维解吸率以及活性炭纤维质量损耗率都具有一个上升的趋势。乙醇解吸率在达到较高的水平后，微波辐照功率约为 528W 时，解吸率到达约为 98%，解吸率随辐照功率增大而变化的趋势明显减缓。

不同微波辐照功率对解吸的影响，主要是因为微波功率的不同，一定空间内辐照的微波强度不同，提高微波辐照功率，相同时间内活性炭纤维吸收的能量增加，吸附剂温度提高，有利于解吸的进行。但是，随着吸附剂温度的上升吸附剂分子结构被破坏的可能性上升，吸附及质量损耗率升高。当解吸率上升到较高的水平后上升趋势减缓，这可能是因为当载乙醇活性炭纤维达到较高解吸率时，吸附质接近完全解吸，易被解吸的吸附质已被热解吸，同时解吸率上升空间减小，解吸率变化随之减缓。

而活性炭纤维质量损耗则没有出现这一趋势，从 0 附近上升到 2.9%，始终随着辐照功率的上升而上升。

(3) 氮气流速对解吸率以及烧失率的影响。

环境条件为常温常压，操作条件为活性炭纤维填充量为 5.00g，微波辐照功率为 320W，微波的辐照时间为 80s，活性炭纤维填充密度在 0.085g/cm^3，测定不同微波辐照功率下载乙醇活性炭纤维的解吸率和活性炭纤维的质量损耗率，考察吸附过程中氮气载气气速对载乙醇活性炭纤维解吸率以及对活性炭纤维烧失的影响。该过程中氮气气速分别为 16L/h、24L/h、32L/h、40L/h、48L/h。根据实验结果，得出氮气气速与载乙醇的活性炭纤维解吸率以及与活性炭纤维烧失率的关系图，见图 5-20。

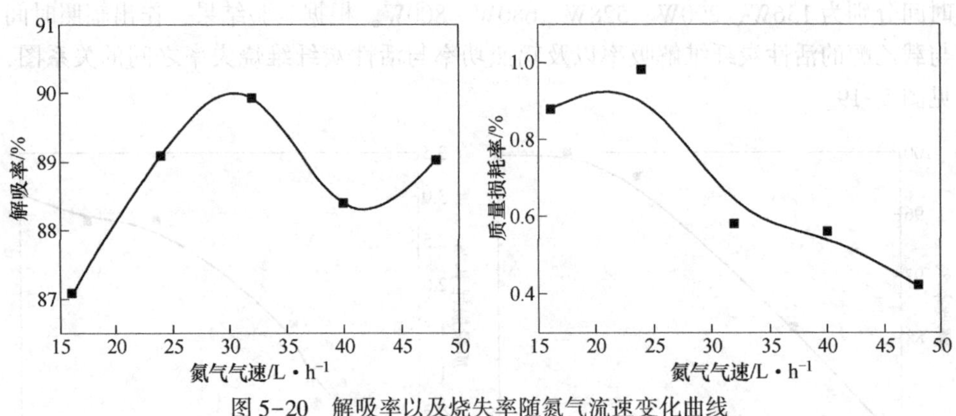

图 5-20 解吸率以及烧失率随氮气流速变化曲线

根据图 5-20 可知，对于氮气解吸载乙醇活性炭纤维，其他条件一定的情况下，随着载气气速增大，乙醇的解吸率总体呈现出先上升后下降再有所上升。从氮气流率为 16L/h 时约解吸率为 87%，随着氮气流率的上升至 32L/h 解吸率逐渐提高到 90%，然后随氮气流率的提高解吸率又有所下降。活性炭纤维的烧失率从 0.9%变化到 0.4%附近，总体表现为下降趋势。

对于这一现象原因可能是这样的。载气氮气的气速对载乙醇活性炭纤维解吸的影响而言，是一种较为复杂的影响因素。首先，从传质方面分析，较高的气速有利于将已经和吸附剂分离的乙醇带出吸附柱，有利于传质的进行；然而，从传热方面考虑，气速较高则会带出大量的热不利于热量的积累，影响吸附柱内物质的升温速率，是吸附剂与吸附质分离这一解吸行为的不利因素，由于传热和传质两种因素的相互作用，导致了乙醇解吸率随氮气流速上升先上升后降低。由于较高的气速有利于吸附柱内热量的散失，烧失率的变化总体趋势是随着氮气流速上升而下降，但在氮气流速为16L/h处活性炭纤维的烧失率低于24L/h处，原因可能是这样的，相比于在氮气气速为24L/h的条件下进行解吸，16L/h条件下解吸的速率较低，而较大量的吸附质的存在有利于保护吸附剂，防止活性炭纤维产生烧失。

(4) 活性炭纤维填充密度对解吸率以及烧失率的影响。

环境条件为常温常压，操作条件为活性炭纤维填充量为5.00g，微波辐照功率为320W，微波的辐照时间为80s，氮气气速为16L/h，测定不同微波辐照功率下载乙醇活性炭纤维的解吸率和活性炭纤维的质量损耗率，选取活性炭纤维填充密度在0.073g/cm^3、0.078g/cm^3、0.085g/cm^3、0.093g/cm^3、0.102g/cm^3、0.113g/cm^{3}进行实验，考察吸附过程中活性炭纤维填充密度对载乙醇活性炭纤维解吸率以及对活性炭纤维烧失的影响。在此过程中，根据实验结果，得出活性炭纤维填充密度与载乙醇的活性炭纤维解吸率以及与活性炭纤维烧失率的关系图，见图5-21。

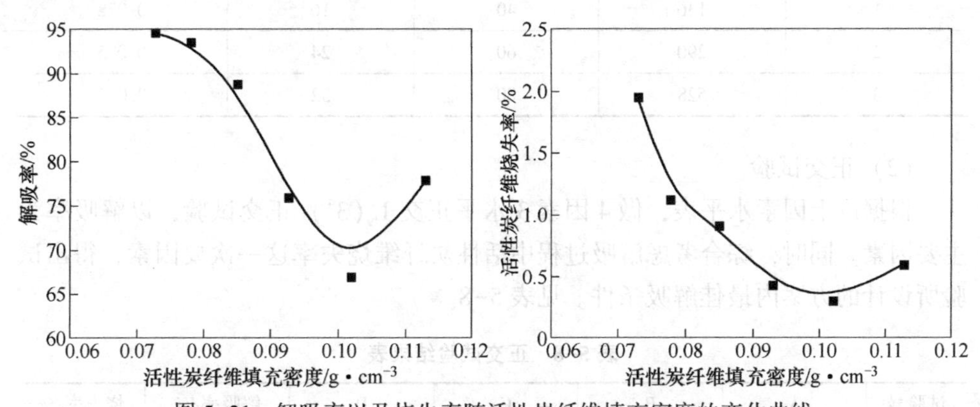

图5-21 解吸率以及烧失率随活性炭纤维填充密度的变化曲线

单因素实验证明，在微波辐照解吸在乙醇活性炭纤维过程中，活性炭纤维填充密度在0.07~0.11g/cm^{3}范围内，随着活性炭纤维填充密度的上升，乙醇解吸率出现先降低后上升的现象，乙醇解吸率从填充密度在0.11g/cm^{3}时解吸率约为94%逐渐下降到0.09g/cm^{3}时附近解吸率约为68%，再逐渐上升到0.07g/cm^{3}时附近解吸率约为78%。随着填充密度的上升活性炭纤维烧失率总体呈现出下降趋势，从2.0%附近下降到0.5%附近，下降趋势随着填充密度的增大有所减缓。

较大的填充密度有利于热量的积累，但不利于解吸出的乙醇与载气的充分接触不利于传质的进行，这两个因素相互作用于乙醇的解吸过程中。出现这些现象可能是由于在这一过程中，解吸率下降阶段载气充分接触促进解吸的进行为主要因素，上升阶段热量积累促进乙醇的解吸则成为主要因素。而热量的积累和乙醇解吸率上升都可导致烧失率的上升，所以活性炭纤维的烧失率始终呈现下降趋势，热量积累转变为主要因素后这一趋势出现减缓态势。

5.3.4.2　正交试验

(1) 因素水平表。

通过正交试验考察不同影响因素对解吸率下的产品状况，选择考察的解吸条件包括：微波功率（将A定义为微波功率因素，同理定义下面几个因素）、辐照时间（B）、氮气流量（C）、活性炭纤维填充密度（D）这四个影响因素。正交试验设计为4因素3水平正交。根据单因素试验，选定以下条件为正交试验考察条件，见表5-7。

表5-7　因素水平表

因素 / 水平	微波功率（A）/W	辐照时间（B）/s	氮气流速（C）/$L \cdot h^{-1}$	填充密度（D）/$g \cdot cm^{-3}$
1	136	40	16	0.078
2	290	60	24	0.085
3	528	80	32	0.093

(2) 正交试验。

根据以上因素水平表，做4因素3水平正交 $L_9(3^4)$ 正交试验，以解吸率为主要因素。同时，综合考虑解吸过程中活性炭纤维烧失率这一次要因素，得出试验所设计的方案内最佳解吸条件。见表5-8。

表5-8　正交试验结果表

试验号	A	B	C	D	解吸率/%	烧失率/%
1	1	1	1	1	10.97	0
2	1	2	2	2	18.02	0
3	1	3	3	3	42.18	0
4	2	1	2	3	37.13	0
5	2	2	3	1	64.53	0.24
6	2	3	1	2	92.42	1.09

续表 5-8

试验号	A	B	C	D	解吸率/%	烧失率/%
7	3	1	3	2	67.65	0.31
8	3	2	1	3	79.56	0.46
9	3	3	2	1	98.69	1.89
K_1	71.17	115.75	183.04	155.06		
K_2	194.08	162.11	153.84	178.09		
K_3	245.9	233.29	186.27	158.87		
k_1	23.72	35.58	61.01	51.69		
k_2	64.69	54.03	51.28	59.36		
k_3	81.97	77.76	62.09	52.96		
极差 R	58.25	42.18	10.70	7.67		
因素主次	A>B>C>D					
优方案	$A_3B_3C_1D_2$ 或 $A_3B_3C_3D_2$					

注：K 表示同一水平对应试验结果之和；k 为对应试验结果的平均值。

根据实验结果，因素主次为：A>B>C>D，最优方案为：$A_3B_3C_1D_2$ 或 $A_3B_3C_3D_2$。由于 C 为非主要因素，当 C 取 3 水平时对比 C_1 解吸率变化不大，但氮气消耗有较大的提升，综合能耗等因素考虑取 C_1 为最佳解吸条件，综合评价后选择的最佳方案为 $A_3B_3C_1D_2$，即微波功率为 528W、辐照时间为 80s、氮气流量为 16L/h、活性炭纤维填充密度 0.085g/cm^3。

在微波功率为 528W、辐照时间为 80s、氮气流量为 16L/h、活性炭纤维填充密度 0.085g/cm^3 条件下，进行微波解吸载乙醇活性炭纤维的验证实验。通过三组验证试验，测得载乙醇活性炭纤维的平均解吸率为 99.52%，活性炭纤维平均烧失率为 1.19%。见表 5-9。

表 5-9 验证实验结果表

实验组	微波功率/W	辐照时间/s	载气气速/L·h^{-1}	填充密度/g·cm^{-3}	解吸率/%	烧失率/%
1	528	80	16	0.085	99.75	1.29
2	528	80	16	0.085	99.69	1.17
3	528	80	16	0.085	99.12	1.11

5.3.5 载甲苯活性炭纤维解吸实验

通过选择考察的解吸条件包括：微波辐照功率（W）、辐照时间（s）、氮气流速（L/h）、活性炭纤维填充密度（g/cm^3）等因素对甲苯解吸率的影响，根据单因素试验数据选取正交试验的实验范围。

5.3.5.1 单因素试验

A 微波辐照功率对甲苯解吸率的影响

在环境条件为常温常压，活性炭纤维填充量为3g，微波辐照功率为290W，微波辐照时间为80s，氮气气速取24L/h，在不同的微波功率下进行载甲苯活性炭纤维微波辐照解吸实验。实验结果见表5-10。

表5-10 不同功率下微波辐照甲苯解吸现象

微波辐照功率/W	解吸率/%或解吸现象
136	26.62，功率过低，解吸过程较为缓慢
290	68.19，解吸速率适中
528	解吸过程中出现黑烟，解吸液中出现大量炭黑

综合实验结果，选取290W作为解吸载甲苯活性炭纤维实验的微波辐照功率。

B 氮气流速对甲苯解吸率的影响

在环境条件为常温常压，微波辐照功率为290W，微波辐照时间为80s，活性炭纤维填充密度约为0.087g/cm^3，活性炭纤维填充量为3g，氮气气速分别取16L/h、24L/h、32L/h、40L/h、48L/h，进行载甲苯活性炭纤维微波辐照解吸实验。根据实验结果，得出氮气气速与载甲苯的活性炭纤维解吸率的关系图见图5-22。

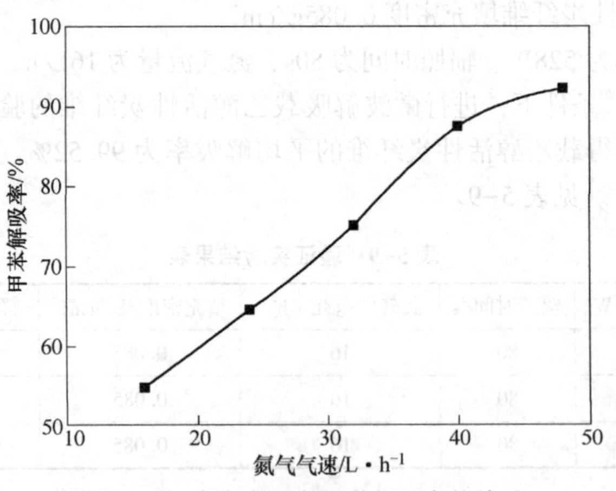

图5-22 氮气气速与甲苯解吸率的关系

根据实验数据作图5-22分析可知，实验表明，除氮气气速外的解吸条件一定的情况下，在一定的氮气气速范围内，氮气气速对甲苯的解吸具有较强的影响。氮气气速由16L/h变化到48L/h的过程中，载甲苯活性炭纤维解吸率由55%附近上升至93%附近，呈上升趋势，且解吸率的上升由在40L/h逐渐变缓。由于氮气气速的上升单位时间内被带出的甲苯增加，促进了吸附质的解吸，气速达到40L/h后可能是由于被解吸的甲苯与带出的甲苯趋于平衡，导致了解吸率上升趋势的减缓。

C 辐照时间对甲苯解吸率的影响

在环境条件为常温常压，微波辐照功率为290W，氮气气速为24L/h，活性炭纤维填充密度约为0.087g/cm^3，活性炭纤维填充量为3g。该过程辐照时间分别取40s、60s、80s、100s、120s，进行载甲苯活性炭纤维微波辐照解吸实验。根据实验结果，得出微波辐照时间与载甲苯的活性炭纤维解吸率的关系图见图5-23。

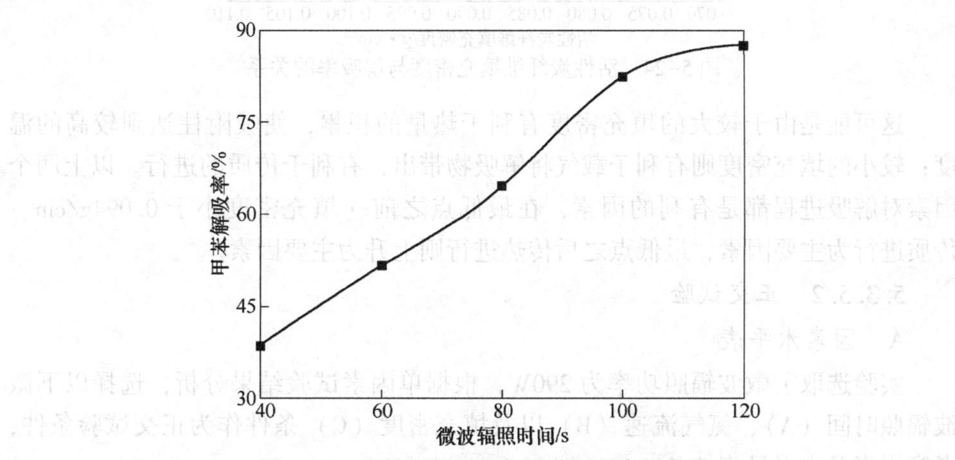

图5-23 微波辐照时间与甲苯解吸率的关系

在实验条件范围内，实验数据表明，微波辐照时间在40~120s之间，甲苯解吸率从36%附近上升至93%附近，微波辐照时间对甲苯解吸具有较强的影响，甲苯解吸率随微波辐照时间上升呈现出上升趋势，该趋势在辐照时间达到100s附近逐渐减缓，这可能是由于解吸达到一定程度后，吸附质的解吸难度上升而造成的。

D 活性炭纤维填充密度对甲苯解吸率的影响

在环境条件为常温常压，微波辐照功率为290W，氮气气速为24L/h，活性炭纤维填充量为3g，辐照时间取80s，通过控制活性炭纤维填充柱长度调节活性炭纤维填充密度在0.070~0.105g/cm^{3}范围内进行载甲苯活性炭纤维微波辐照解吸实验。根据实验结果，得出活性炭纤维填充密度与载甲苯的活性炭纤维解吸率的关系图见图5-24。

实验结果表明，在填充密度为0.070~0.105g/cm^{3}范围内，随填充密度的上升甲苯解吸率具有先下降后上升的趋势，解吸率由约80%逐渐减小到约45%，再逐渐上升到约为60%，解吸率在填充密度约为0.094g/cm^{3}附近达到最低点。

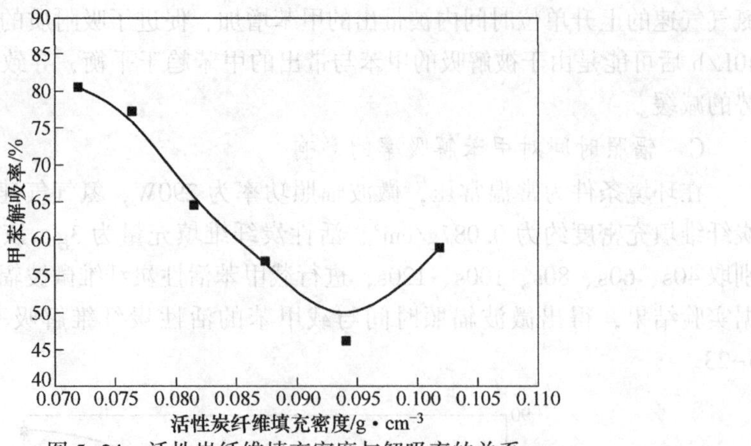

图 5-24 活性炭纤维填充密度与解吸率的关系

这可能是由于较大的填充密度有利于热量的积累，使吸附柱达到较高的温度；较小的填充密度则有利于载气将解吸物带出，有利于传质的进行。以上两个因素对解吸进程都是有利的因素，在最低点之前（填充密度小于 0.094g/cm^3）传质进行为主要因素，最低点之后传热进行则上升为主要因素。

5.3.5.2 正交试验

A 因素水平表

实验选取了微波辐照功率为290W，根据单因素试验结果分析，选择以下微波辐照时间（A）、氮气流速（B）以及填充密度（C）条件作为正交试验条件，考察因素及水平见表5-11。

表 5-11 正交试验因素水平表

水平＼因素	辐照时间（A）/s	氮气流速（B）/L·h^{-1}	填充密度（C）/g·cm^{-3}
1	80	32	0.102
2	100	40	0.094
3	120	48	0.087

B 正交试验

根据以上因素水平表，正交 L_9（3^4）方案做3因素3水平正交试验。由于考察因素为三个，其中因素二取为空列，以解吸率作为考察因素进行正交试验，得出方案内最佳解吸条件。见表5-12。

表 5-12 正交试验结果表

试验号	A	空列	B	C	解吸率/%
1	1	1	1	1	75.23

续表 5-12

试验号	A	空列	B	C	解吸率/%
2	1	2	2	2	88.99
3	1	3	3	3	93.68
4	2	1	2	3	92.70
5	2	2	3	1	90.48
6	2	3	1	2	89.89
7	3	1	3	2	95.28
8	3	2	1	3	94.85
9	3	3	2	1	92.02
K_1	257.90	—	259.97	257.73	
K_2	273.07	—	273.71	274.16	
K_3	282.15	—	279.44	281.23	
k_1	85.97	—	86.66	85.91	
k_2	91.02	—	91.24	91.39	
k_3	94.05	—	93.15	93.74	
极差	8.08	—	6.49	7.83	
因素主次			A>B>C		
优方案			$A_3B_3C_3$		

根据正交试验结果影响设定区间内甲苯解吸率的因素由主到次分别为A>B>C，即辐照时间、氮气流速和填充密度。微波功率为290W，区间内的优方案为$A_3B_3C_3$，即微波功率为290W、辐照时间为120s、氮气流量为48L/h、活性炭纤维填充密度0.094g/cm^3。

在微波功率为290W、辐照时间为120s、氮气流量为48L/h、活性炭纤维填充密度0.094g/cm^{3}的条件下，做三组重复试验得到甲苯平均解吸率为95.59%。见表5-13。

表 5-13 验证试验结果

实验组	微波辐照功率/W	辐照时间/s	氮气气速/L·h^{-1}	活性炭纤维填充密度/g·cm^{-3}	解吸率/%
1	290	120	48	0.094	95.64
2	290	120	48	0.094	95.87
3	290	120	48	0.094	95.26

5.3.6 小结

在常温常压下，通过单因素实验以及正交试验考察了微波辐照功率、微波辐照时间、载气气速以及活性炭纤维填充密度等主要因素对微波辐照解吸载乙醇活性炭纤维的影响。根据实验结果，因素主次为：微波功率（W）>辐照时间（s）>氮气流量（L/h）>活性炭纤维填充密度（g/cm^3），得出选取条件内微波辐照解吸载乙醇活性炭纤维的最佳解吸条件为：微波功率为528W、辐照时间为80s、氮气流量为16L/h、活性炭纤维填充密度0.085g/cm^3。通过三组验证试验，测得载乙醇活性炭纤维的平均解吸率为99.52%，活性炭纤维平均烧失率为1.19%。

通过单因素实验以及在微波功率为290W条件下，通过正交试验考察了微波辐照时间、载气气速以及活性炭纤维填充密度等主要因素对微波辐照解吸载甲苯活性炭纤维的影响。根据实验结果，因素主次为：辐照时间（s）>氮气流量（L/h）>活性炭纤维填充密度（g/cm^3），得出选取条件内微波辐照解吸载甲苯活性炭纤维的最佳解吸条件为：微波功率为290W、辐照时间为120s、氮气流量为48L/h、活性炭纤维填充密度0.094g/cm^3。该条件下，三组验证试验得到甲苯平均解吸率为95.59%。

5.4 微波辐照对活性炭纤维性能的影响及阻燃剂的负载

有文献报道，微波多次解吸再生活性炭后，活性表面会产生严重的刻蚀现象，在一定的再生次数内，表面刻蚀会使活性炭的孔径结构更为发达，随之活性炭比表面积上升，活性炭吸附容量呈现出一定的上升趋势；随着再生次数增加，刻蚀作用的继续增强，当达到某一节点后，活性炭孔径结构会逐渐坍塌，活性炭对吸附质的吸附性能开始呈现出下降趋势。这种现象在可控范围内对活性炭性能具有积极的影响，随再生次数的增加这种影响就变为消极的影响。由于活性炭纤维与活性炭在结构和性能上具有一定的相似性，本章将讨论微波辐照再生对活性炭纤维性能的影响。

5.4.1 分析仪器

活性炭纤维对有机物的吸附和解吸原理类似于活性炭，但由于原料的差异，活性炭与活性炭纤维性能差异较大。本章通过运用精细电子天平、扫描电镜（SEM）以及红外分析检测手段考察解吸前后活性炭纤维吸附容量及性状差异，分析微波辐照再生对活性炭纤维表观结构及性能的影响。

5.4.2 微波辐照再生载乙醇活性炭纤维的分析

实验通过多次循环使用活性炭纤维吸附乙醇废气并进行微波辐照再生，测定微波辐照再生对活性炭纤维吸附乙醇的性能影响，并通过SEM观测解吸前后活性炭纤维形态变化。

5.4.2.1 再生次数对吸附容量的影响

在微波功率为528W、辐照时间为80s、氮气流量为16L/h、活性炭纤维填充密度0.085g/cm^3 条件下，实验测定了10次循环使用活性炭纤维吸附乙醇废气-微波再生，测定吸附-再生过程中吸附容量的变化，实验数据见图5-25。

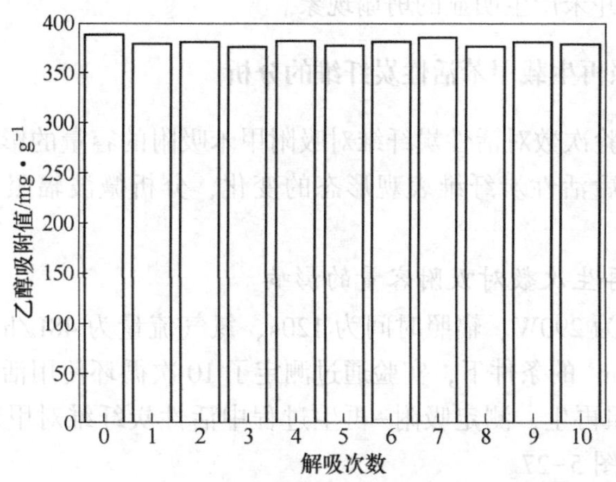

图5-25 乙醇吸附值与活性炭纤维再生次数的关系

经过多次再生实验，再生的活性炭纤维对乙醇的吸附值并未出现较为明显的变化，吸附值始终维持在475~485mg/g之间，再生后的活性炭纤维对乙醇的吸附较为稳定。实验现象说明，利用活性炭纤维回收乙醇过程中，微波辐照再生对活性炭纤维的吸附性能没有受到明显的影响，多次再生活性炭纤维可行。

5.4.2.2 SEM表征

通过扫描电镜（SEM）对经过10次吸附乙醇-微波辐照再生的活性炭纤维进行检测，SEM图见图5-26。

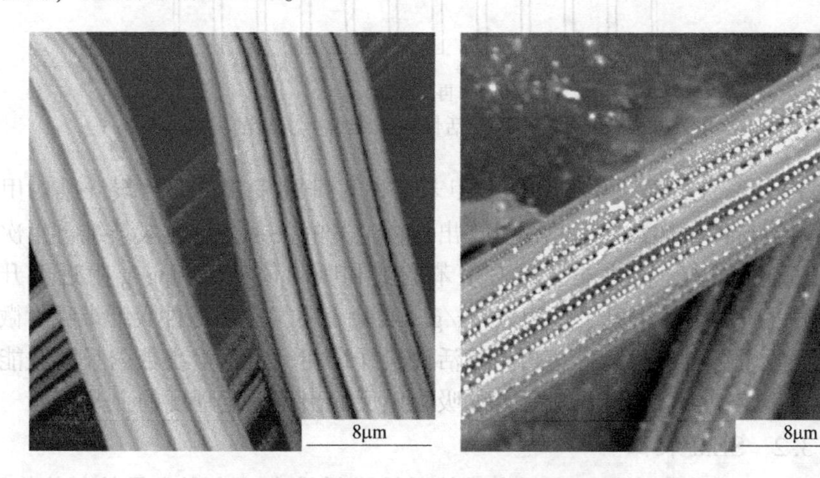

图5-26 再生前后活性炭纤维SEM

通过 SEM 图（图 5-26），观测到与新鲜活性炭纤维相比，10 次再生后的活性炭纤维表面出现较多的白色球状固体，这可能是微波辐照过程中，活性炭纤维内部易被灰化的成分在高温环境下被灰化而产生的灰分。通过 SEM 图可以观测到，经过 10 次吸附再生后，虽然在活性炭纤维表面出现较多灰状物质，但活性炭纤维表观结构并未产生明显的坍塌现象。

5.4.3　微波辐照再生载甲苯活性炭纤维的分析

通过测定实验次数对活性炭纤维对吸附甲苯吸附的容量的影响，以及电镜分析多次循环使用后活性炭纤维表观形态的变化，分析微波辐照对吸附剂性状的影响。

5.4.3.1　再生次数对吸附容量的影响

在微波功率为 290W、辐照时间为 120s、氮气流量为 48L/h、活性炭纤维填充密度 0.094g/cm^3 的条件下，实验通过测定了 10 次循环使用活性炭纤维吸附甲苯废气-微波辐照再生，测定吸附-再生过程中活性炭纤维对甲苯的吸附容量变化，实验结果见图 5-27。

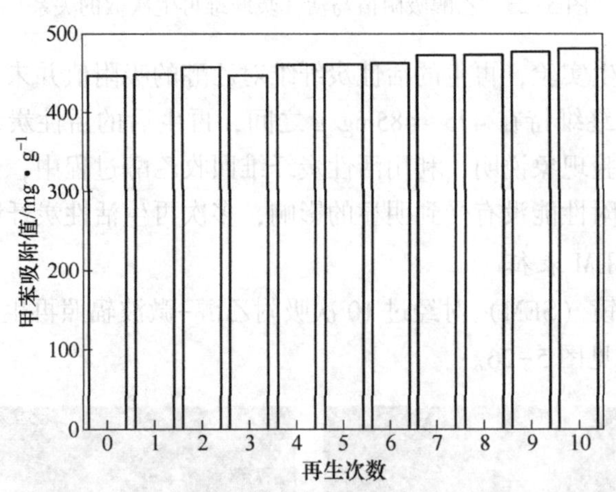

图 5-27　甲苯吸附值与活性炭纤维再生次数的关系

通过 10 次微波辐照再生饱和的载甲苯活性炭纤维发现，活性炭纤维对甲苯的饱和吸附值与再生次数之间总体呈现出缓慢上升的关系，活性炭纤维再生次数从 0 到 10 次过程中，活性炭纤维对甲苯的饱和吸附值从 445mg/g 附近上升到 480mg/g 附近，吸附值上升了约为 35mg/g。实验表明，利用活性炭纤维吸附微波辐照解吸回收甲苯具有可行性，再生的活性炭纤维在一定再生次数内吸附性能并未受到不利影响，活性炭纤维对甲苯的吸附值反而出现一定程度的上升。

5.4.3.2　SEM 表征

通过图 5-28 可看到，10 次再生后的活性炭纤维表面出现少量的灰状物质，这可能是由于微波辐照导致的灰化，而灰化现象明显低于活性炭纤维对乙醇的吸附-微波解吸再生，也可能是由于辐照时间、辐照功率、载气气速等方面因素不同以及吸附质物化性质差异所导致。

图 5-28 再生前后活性炭纤维 SEM

同时，活性炭纤维测试预处理后大范围的出现明显断裂现象，这可能是由于在甲苯存在时微波辐照对活性炭纤维具有一定的刻蚀作用或化学变化而导致活性炭纤维材料力学强度的降低，这在一定程度上可以解释通过多次微波辐照再生的活性炭纤维对甲苯的吸附容量呈上升趋势。

5.4.4 阻燃剂负载对甲苯解吸的影响

实验观测到，在运用低功率微波辐照解吸载有甲苯吸附质的饱和活性炭纤维过程中，虽然具有较好的解吸率，但吸附柱中会出现一定的过热氧化燃烧现象。这种现象不仅会对吸附剂产生不良的影响，随载气带出的甲苯解吸液中出现大量的炭黑这不仅影响了甲苯的回收，还会一定程度上影响回收甲苯品质，再次分离也会提高回收工艺的成本。通过气象色谱分析甲苯含量为 97.95%，色谱图上出现一些杂峰，甲苯的浓度也有所下降，这可能由于少量的甲苯参与了化学反应。此外，经多次解吸实验后，实验使用的石英吸附柱也受到较大程度的烧损，这可能会在一定程度上提高生产的成本。

5.4.4.1 活性炭纤维经过阻燃负载后的 SEM 图对比

有研究表明，在易燃的织物上负载氧化锡可以达到对织物进行阻燃的效果。实验以氧化锡作为阻燃剂对活性炭纤维进行阻燃改性用于解吸含甲苯有机废气。实验通过以硫酸铵和锡酸钠作为原料，通过化学反应产生锡酸，锡酸受热可分解为目标产物氧化锡。首先，将三水合锡酸钠 3.00g 溶解于 100mL 蒸馏水加入剪切好的片状活性炭纤维 10.00g，充分浸润 12h 后，加入硫酸铵 1.50g，加热至沸腾，维持沸腾时间 20min，过滤，加少量水轻微洗涤，烘干。

这一系列的相关反应如下：

$$Na_2SnO_3+(NH_4)_2SO_4+H_2O \longrightarrow NH_3\uparrow+H_2SnO_3\downarrow+Na_2SO_4$$

$$H_2SnO_3+\text{加热}\longrightarrow H_2O+SnO_2$$

反应生成的 SnO_2 可以负载在活性炭纤维表面，SnO_2 是一种较好的阻燃剂，通过实验考察其阻燃效果。

将通过实验未经负载和负载氧化锡的活性炭纤维做电镜图，可观测到图 5-29 中的现象。

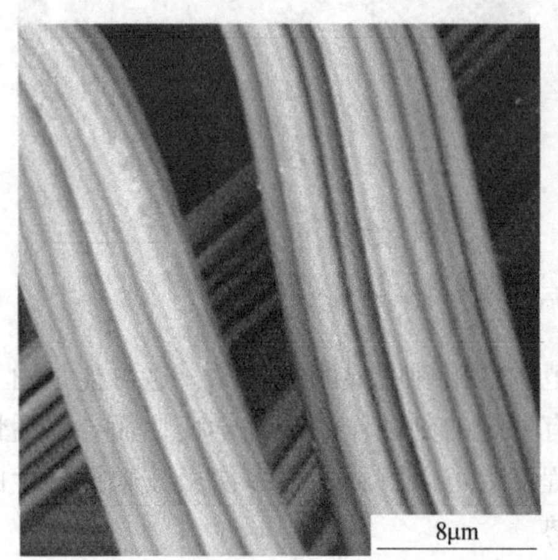

图 5-29　负载前后的 SEM 图对比

通过图 5-29 可以观测到，相比于新鲜的活性炭纤维负载后活性炭纤维表面附着了一层白色的固体，从图中还可以观测到阻燃剂的负载较为均匀，负载效果较为良好。

5.4.4.2　负载与未负载的活性炭纤维解吸现象对比

其解吸现象对比见表 5-13。

表 5-13　负载前后微波辐照解吸现象对比

活性炭纤维状态	解　吸　现　象
未负载氧化锡	吸附柱中出现过热燃烧现象，有黑烟出现，解吸液中有较多炭黑生成
负载氧化锡	无燃烧现象，解吸液澄清

5.4.4.3　负载前后解吸液气相色谱分析

负载前后解吸液气相色谱分析结果和解析液色谱分析结果见表 5-14、表 5-15。

表 5-14 解吸液色谱分析结果（未负载阻燃剂）

峰号	峰名	保留时间	峰高	峰面积	含量
1		7.623	355792.750	6641714.000	97.9534
2		10.007	152.934	1136.215	0.0168
3		10.257	200.538	1436.484	0.0212
4		10.798	229.497	1206.259	0.0178
5		11.365	2326.366	56944.742	0.8398
6		12.632	106.000	1414.900	0.0209
7		14.315	2018.662	28724.957	0.4236
8		14.648	347.913	4523.645	0.0667
9		15.798	1122.741	23912.168	0.3527
10		16.865	677.556	19467.336	0.2871
总计			362974.958	6780480.705	100.0000

表 5-15 解吸液色谱分析结果（阻燃负载）

峰号	峰名	保留时间	峰高	峰面积	含量
1		7.690	1259125.875	19639860.000	99.4014
2		10.015	234.000	1160.650	0.0059
3		10.265	197.337	1247.950	0.0063
4		10.815	2607.871	71841.445	0.3636
5		12.607	130.621	1123.300	0.0057
6		13.123	1728.588	12839.200	0.0650
7		14.273	486.832	9016.832	0.0456
8		15.207	302.554	5792.800	0.0293
9		15.440	283.485	5950.870	0.0301
10		16.040	216.307	6852.606	0.0347
11		16.673	193.119	2452.635	0.0124
总计			1265506.589	19758138.290	100.0000

通过气相色谱分析，在未负载氧化锡阻燃剂的活性炭纤维进行甲苯吸附微波辐照解吸的实验过程中，解吸液的甲苯含量为97.95%。活性炭纤维经过阻燃剂的负载，不仅解吸物中炭黑生成明显减少，解吸液的甲苯含量提升到99.40%，甲苯含量得到一定的提升，解吸的效果得到了进一步的提升。

5.4.5 红外分析

此外，实验还设计了运用红外光谱以观测活性炭纤维基团的变化，但所出的红外图谱并不能很好的观察基团特征，可能是由于胶黏基活性炭纤维的结构不适宜运用红外进行分析。

5.4.6 小结

实验分别通过 10 次吸附-微波辐照解吸载乙醇和甲苯的活性炭纤维，通过测定解吸后活性炭纤维的吸附值以及通过 SEM 观测多次解吸后活性炭纤维的微观变化，考察了微波解吸次数对活性炭纤维吸附性能的影响。实验发现，在多次解吸后，活性炭纤维对乙醇的饱和吸附值维持在 475～485mg/g 之间，再生后的活性炭纤维对乙醇的吸附较为稳定的，解吸后的活性炭纤维在 SEM 图明显的出现灰化现象，但活性炭纤维形态完好。多次解吸的载甲苯活性炭纤维对甲苯的饱和吸附值出现了约为 35mg/g 的提升，解吸后的活性炭纤维在 SEM 图明显的出现一定灰化现象，解吸后的活性炭纤维出现易断裂现象。

通过对活性炭纤维负载 SnO_2，明显降低了微波辐照解吸载甲苯活性炭纤维过程中的过热氧化现象，气相色谱分析表明，解吸液的甲苯含量由 97.95%提升到 99.40%，甲苯含量得到一定的提升，解吸的效果得到了进一步的提升。

6 吸附模型及模拟

6.1 非均相扩展 Langmuir 模型

由于概念清晰和计算简单，多组分 Langmuir 方程，即扩展 Langmuir 方程(EL)，仍然是设计中使用最广泛的模型。但是，该方程有两个重要缺点：其一是当被吸附各组分的饱和吸附容量不同时，它是热力学不一致的。而在实际体系中，饱和吸附容量总是不同的。另一个问题是，在较宽的压力范围内，两参数的 Langmuir 方程对数据的拟合效果较差。当把这些参数用于混合物吸附时，也容易产生大的误差。对第一个问题，白润生和 Yang 提出了区域吸附理论，解决了其热力学的一致性问题，提高了预测精度，并可应用于强非理想体系。对第二个问题，Kapoor 等人提出了非均相扩展 Langmuir 模型（HEL)。该模型的参数来自 Langmuir 方程的吸附能积分方程，即 Unilan 方程。这是一个三参数方程，可很好地拟合单一气体的吸附实验数据。

HEL 模型虽然使用了具有更高精度的纯组分拟合参数，但仍然存在热力学的一致性问题。此外，该方程还有下列问题：一是不同组分吸附能之间的相互关系。白润生对此进行讨论，结果显示，吸附能之间的不同关联对吸附结果预测有重大影响。另一个问题是拟合参数对计算结果的影响，特别是对其解析形式，解析非均相扩展 Langmuir 模型（AHEL）的影响。本文就这一问题展开讨论。

6.1.1 解析非均相扩展 Langmuir 模型

假定，在非均相表面上，纯组分的局部吸附等温线可用 Langmuir 方程来表述，并且吸附能分布近似均一分布，则其吸附能的积分形式，即 Unilan 吸附等温线方程为方程（6-1)：

$$q = \frac{q_s}{2s}\ln\frac{1 + \bar{b}e^{s}P}{1 + \bar{b}e^{-s}P} \tag{6-1}$$

式中参数

$$\bar{b} = b_0\exp\left(\frac{E_{\max} + E_{\min}}{2RT}\right) \tag{6-1a}$$

$$s = \frac{E_{\max} - E_{\min}}{2RT} \tag{6-1b}$$

通过重新定义 Unilan 参数，方程（6-1）可改写为方程（6-2）

$$q = U_1 \ln\left(\frac{1 + U_2 P}{1 + U_3 P}\right) \tag{6-2}$$

上式中参数定义为

对气体混合物，以扩展 Langmuir 方程（EL）来表述局部吸附等温线，并假定各组分的吸附能分布相同，都为均一分布，则非均相扩展 Langmuir 方程（HEL）

$$U_3 = b_0 \exp\left(\frac{E_{\min}}{RT}\right) \qquad U_2 = b_0 \exp\left(\frac{E_{\max}}{RT}\right) \qquad U_1 = q_s \frac{RT}{E_{\max} - E_{\min}}$$

为

$$q_i = \frac{q_{s,\,i}}{E_{\max,\,i} - E_{\min,\,i}} \int_{E_{\min,\,i}}^{E_{\max,\,i}} \frac{P_i b_{0,\,i} \exp(E_i/RT)}{1 + \sum_j P_j b_{0,\,j} \exp(E_j/RT)} \mathrm{d}E_i \quad (i,\ j = 1,\ \cdots,\ n) \tag{6-3}$$

为解上述方程（6-3），还须确定被吸附组分间的吸附能关系和变化。一般假定吸附能关系为线性比例正相关，各组分的积分顺序相同，均为从低到高。当各组分间的吸附能变化也相同时，即方程（6-4）

$$E_i - E_{\min,\,i} = E_j - E_{\min,\,j} \quad (i,\ j = 1,\ \cdots,\ n) \tag{6-4}$$

从方程（6-3）可以导出分析解。积分方程（6-3）并重排，得

$$q_i = U_{1,\,i} \frac{U_{2,\,i} P_i}{\sum U_{2,\,j} P_j} \ln\left(\frac{1 + \sum U_{2,\,j} P_j}{1 + \sum U_{3,\,j} P_j}\right) \quad (i,\ j = 1,\ \cdots,\ n) \tag{6-5}$$

方程（6-5）即为解析非均相扩展 Langmuir 方程（AHEL）。该方程适用于理想或近理想体系。当被吸附组分的饱和吸附容量不同时，它是热力学不一致的。

大量的计算表明，AHEL 方程的预测结果与 HEL 类似，要优于 EL。其计算简单，可方便地应用于动力学过程数值模拟计算。

6.1.2　结果和讨论

数据采用 Kaul 的实验结果，为乙烯和乙烷及其混合物于 323.15K 下在分子筛（13×）上的吸附。Unilan 参数及其回归误差列于表 6-1。乙烯的吸附参数采用 Valenzuela 和 Mayers 的数据；对乙烷，除 Valenzuela 和 Mayers 的参数外，还有本文拟合的数据，这些数据有更小的拟合误差。

从表 6-1 可以看出，乙烯实验数据的回归误差要小于乙烷。应该注意，这两

种组分的饱和吸附容量几乎相等。因此，可以认为，对该双组分体系，AHEL 模型是热力学一致的。

表 6-1　乙烯和乙烷及其混合物于 323.15K 下在分子筛（13×）上的吸附 Unilan 参数及其回归误差

产品名称	U_1/mol · kg^{-1}	U_2/kPa^{-1}	U_3/kPa^{-1}	q_s/mol · kg^{-1}	E_{max}/J · mol^{-1}	$\sum err^2$②
乙烯①	0.8048	0.40170	0.00894	3.0624	10223.4	0.0380
乙烷	1000	0.01251	0.01247	2.9617	8.6	0.3483
	100	0.01268	0.01231	2.9377	79.6	0.3415
	10	0.01443	0.01076	2.9347	788.5	0.3429
	5	0.01660	0.00921	2.9472	1582.8	0.3488
	2	0.02476	0.00547	3.0195	4056.7	0.3897
*	1.1563	0.04317	0.00322	3.0031	6974.0	0.5724

注：$E_{min}=0$。

①Valenzuela and Mayers。

②err = $|q_{cal}-q_{exp}|$。

从表 6-1 还可以观察到一个重要现象：当参数 $U_{1,Ethane}$ 在一个宽广的范围内变化时，拟合误差变化并不明显，这些参数有近似的拟合精度；饱和吸附容量变化也很小。所以，虽然参数变化很大，热力学一致性条件并没有被破坏。见图 6-1~图 6-6。

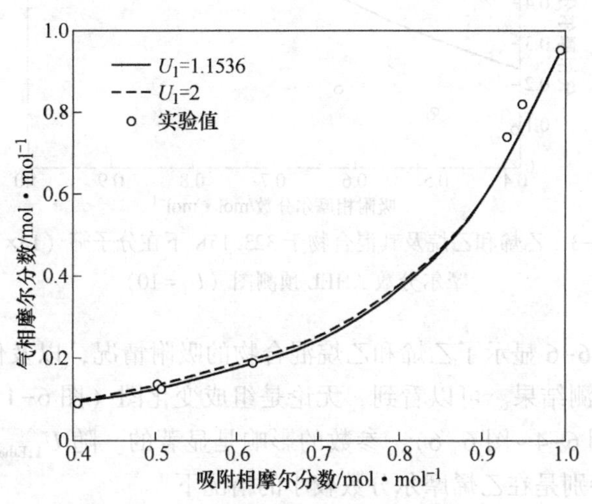

图 6-1　乙烯和乙烷及其混合物于 323.15K 下在分子筛（13×）上 AHEL 预测图（U_1 = 1.1536 或 2）

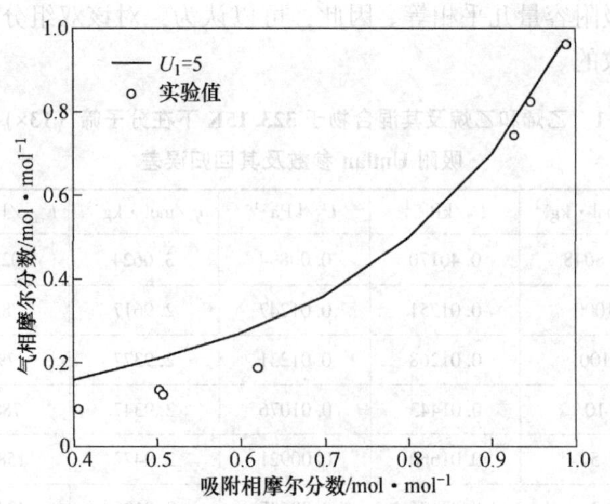

图 6-2　乙烯和乙烷及其混合物于 323.15K 下在分子筛（13×）上 AHEL 预测图（$U_1=5$）

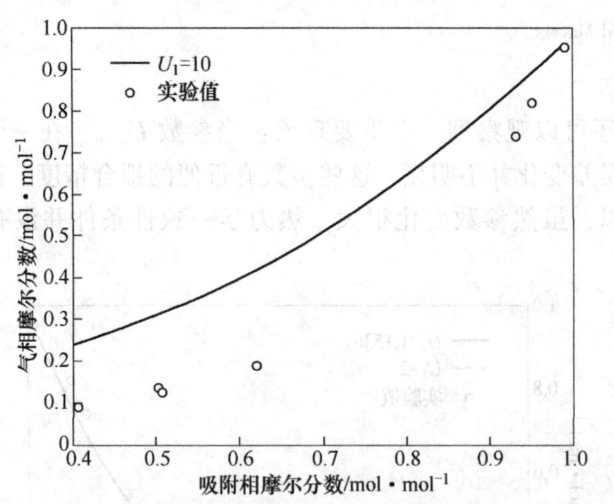

图 6-3　乙烯和乙烷及其混合物于 323.15K 下在分子筛（13×）上摩尔分数 AHEL 预测图（$U_1=10$）

图 6-1～图 6-6 显示了乙烯和乙烷混合物的吸附情况，以及使用不同参数时 AHEL 模型的预测结果。可以看到，无论是组成变化图（图 6-1～图 6-3）还是总吸附量图（图 6-4～图 6-6），参数的影响是显著的。随 $U_{1,\mathrm{Ethane}}$ 增加，预测误差迅速增大，特别是在乙烯摩尔分数较小的情况下。

这就提出了 AHEL 模型的适应性问题。由于 HEL 模型并不产生类似的问题，所以，AHEL 的问题一定出在导出其分析解的假定，即不同组分的吸附能分布变化完全相等，如方程（6-4）所示。事实上，根据方程（6-2），在一定温度下，

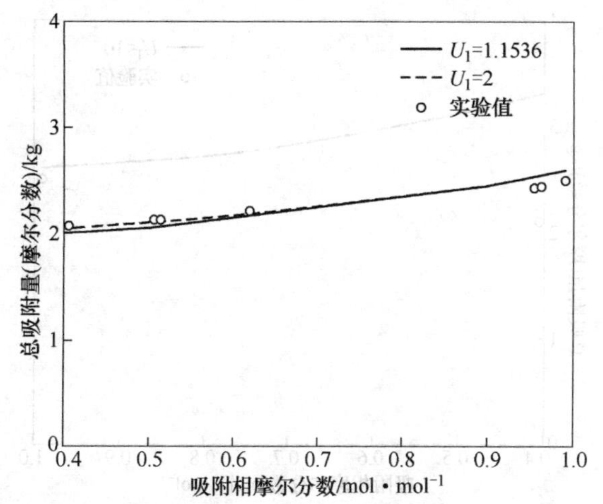

图 6-4 乙烯和乙烷及其混合物于 323.15K 下在分子筛（13×）上总吸附量 AHEL 预测图（U_1=1.1536 或 2）

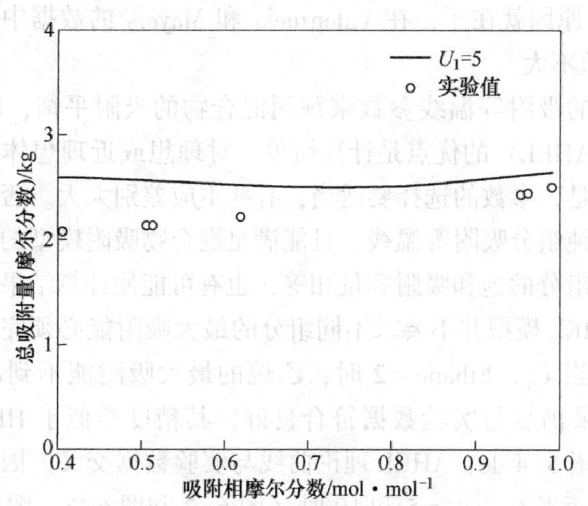

图 6-5 乙烯和乙烷及其混合物于 323.15K 下在分子筛（13×）上总吸附量 AHEL 预测图（U_1=5）

U_1 反比于最大吸附能（最小吸附能设定为零），随吸附能增加而减少，这从表 7-1可以看出。当不同组分的参数 U_1 相差大时，其对应的最大吸附能差别也大。在此情况下，导出 AHEL 模型的前提条件不再成立。因此，应用该模型就有可能产生大的误差。这一性质提示，只有当不同组分的最大吸附能或参数 U_1 相差不大时，用 AHEL 模型来预测气体混合物的吸附平衡才能取得好的结果。

例如，在表 6-1 数据中，Valenzuela 和 Mayers 拟合的乙烷吸附参数产生了最大的误差，而基于这些参数的 AHEL 模型预测结果却与实验数据符合得很好（图

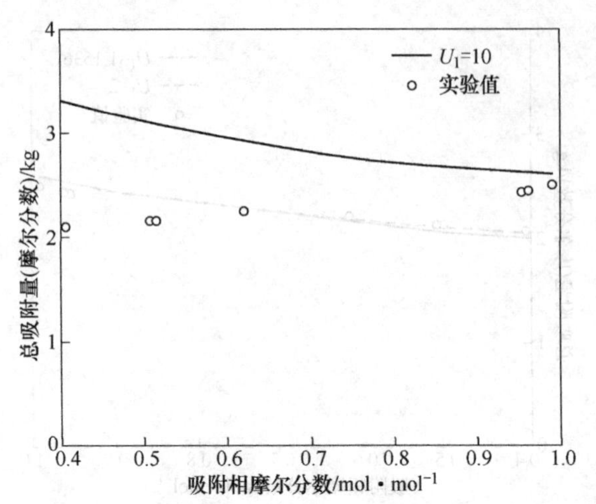

图 6-6 乙烯和乙烷及其混合物于 323.15K 下在分子筛（13×）上总吸附量 AHEL 预测图（U_1=10）

6-1 和图 6-4）。原因就在于，在 Valenzuela 和 Mayers 的数据中，组分乙烯和乙烷的 U_1 参数相差不大。

基于纯气体的吸附等温线参数来预测混合物的吸附平衡，解析非均相扩展 Langmuir 模型（AHEL）的优点是计算简单。对理想或近理想体系，该模型的预测结果良好。但是，参数的选择要适当，有些不应差别太大。否则，即使这些参数能很好地拟合纯组分吸附等温线，且能满足混合物吸附模型的热力学一致性条件，即被吸附各组分的饱和吸附容量相等，也有可能使计算结果产生重大误差。

事实上，AHEL 模型并不要求不同组分的最大吸附能必须完全相等。在本文研究的体系中，当 U_1，Ethane = 2 时，乙烷的最大吸附能不到乙烯的 50%，而 AHEL 的预测结果仍然与实验数据符合良好，其精度类似于 HEL。基于这组参数，在图 6-1、图 6-4 上，AHEL 理论曲线与实验数据交叉。因此，模型和数据是相互一致的。而当 $U_{1,\mathrm{Ethane}}$ = 5 和 10 时（图 6-2 和图 6-3，图 6-5 和图 6-6），乙烷和乙烯最大吸附能相差很大，此时，这种一致性就不再存在。

6.2 理想吸附溶液理论中的数值模拟

理想吸附溶液理论（Ideal Adsorbed Solution Theory，简称 IAS 理论）是一种用于多组分气体吸附平衡的计算方法。近 20 年来，该理论得到了快速应用。由于理论上的完整性且不依赖于具体的单组分吸附等温线种类，IAS 正在变成一种通用模型，常用于与其他模型进行比较。虽然，该模型对单组分吸附等温线有灵活的选择性，但不是显式公式，需要大量的数值计算，包括数值积分。作者发现，IAS 理论对其所包含的数值积分要求很高，如按常规选取，将有可能带来数值计算误差。本书将就这一问题进行讨论。

6.2.1 理想吸附溶液理论

IAS 理论基于热力学基础及假定吸附混合物形成理想混合物。它定义了一个简化的伸展压（Reduced Spreading Pressure）式（6-6）

$$\pi_i^* = \frac{\pi_i A}{RT} = \int_0^{p_i} \frac{q_i}{p_i} dp_i \tag{6-6}$$

当吸附达到平衡时，吸附混合物中各组分的伸展压相等，并等于各组分纯组分吸附时的伸展压，即

$$\pi_1^* = \pi_2^* = \cdots = \pi_n^* = \pi^* \tag{6-7}$$

对理想溶液，两相平衡服从拉乌尔 Raoult's 定律：

$$p_i = x_i p_i^o \tag{6-8}$$

上式中 p_i^o 为标准态压力，由方程（6-6）中的积分上限来确定。

因为

$$\sum x_i = 1 \tag{6-9}$$

由方程（6-8）可得

$$\sum \frac{p_i}{p_i^o} = 1 \tag{6-10}$$

吸附混合物的总吸附量为

$$\frac{1}{q_T} = \sum \frac{x_i}{q_i^o} \tag{6-11}$$

有关 IAS 理论的适用性问题也曾有过讨论。Richter 等人认为，为了取得好的预测结果，应该选用对实验数据拟合精度高的单组分吸附等温线。两参数的 Langmuir 方程因拟合精度较低，所以不适合 IAS 理论，即使对甲烷和乙烷这样的近似理想体系。他们建议使用拟合精度较高的 D-R 方程：

$$q_i = q_{s,\ i} \exp\left[- D_i \left(\ln \frac{p_i}{P_{s,\ i}} \right)^2 \right] \tag{6-12}$$

但对 D-R 方程，当压力趋于零时，q_i/p_i 在达到最大值后迅速下降。这就对式（6-12）中的数值积分精确计算带来困难，并由此可能影响计算的准确性。

6.2.2 结果和讨论

有文献给出了甲烷、乙烷纯组分及其混合物在活性炭上的吸附平衡数据，并给出了拟合参数。这些参数将用于本书的计算中。在计算程序中，所有的数据均采用了双精度，并排除了其他迭代变量误差对计算结果可能带来的影响。

首先，我们选一个数据点来观察式（6-12）中积分误差对计算结果的影响。该数据点选择靠近实验数据的中间部分，甲烷和乙烷的分压分别为900kPa和100kPa。结果见图6-7，横坐标为积分误差的绝对值。可以看出，我们通常采用的误差值10^{-4}在该模型中导致预测结果出现了较大误差。直至误差降为10^{-7}时，计算结果才趋于稳定。

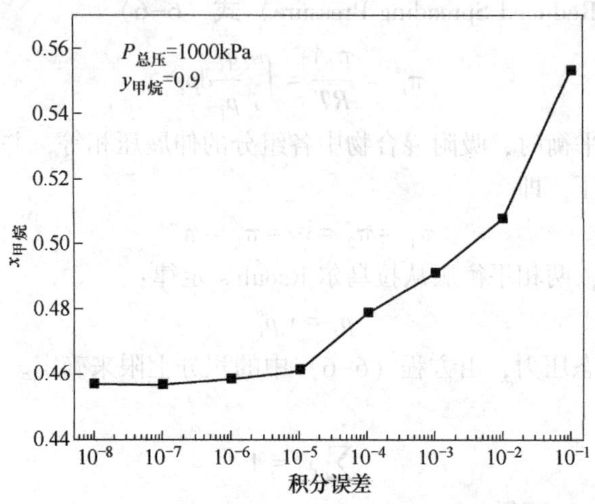

图6-7 在一个数据点上积分误差对计算结果的影响

进一步，我们计算积分误差对预测混合物吸附平衡数据的影响。结果基于混合物中各组分吸附量的预测值与实验值的平均相对误差：

$$E_r = \frac{1}{N}\sum_{i=1}^{N}\frac{\left|q_{\text{cal},\ i} - q_{\text{exp},\ i}\right|}{q_{\text{exp},\ i}} \times 100\% \tag{6-13}$$

结果见表6-2，当积分误差为10^{-4}时，计算结果与更精确的数值计算结果有明显不同，而且是变差。表6-2中，两种计算结果误差的绝对值似乎相差并不很大，但若是比较不同的模型，这样的差别却足以分出模型的优劣。

表6-2 积分误差对全部数据平均相对误差的影响

积分误差	10^{-4}	10^{-7}
E_r/%	17.1	14.4

IAS理论需要大量数值计算，包括数值积分。当以D-R方程作为纯组分吸附等温线时，该理论对数值积分的精度要求严格，需要达到10^{-7}。如积分误差采用常用的10^{-4}，则会带来明显的数值计算误差，可能使预测结果变坏。

6.3 本章小结

（1）AHEL模型的合理应用与纯组分Unilan吸附等温线的参数有关。不仅吸附组分的饱和吸附容量应近似（这将满足热力学一致性条件），而且，最大吸附能也不应相差太大。否则，有可能产生大的误差。在本书的体系中，当两组分的最大吸附能相差一倍时，预测结果仍然能很好地符合实验数据；但当两者相差更大时，误差迅速增加，尽管这些参数拟合单组分吸附等温线很好而且体系也符合热力学一致性条件。

（2）理想吸附溶液理论不依赖于某种特定的单组分吸附等温线种类，因此有灵活的选择性。但该模型需要大量的数值计算，包括数值积分。本书结果表明，IAS 理论对涉及的数值积分要求严格。若选用 D-R 方程作为单组分吸附等温线，积分误差应达到 10^{-7}，否则将会带来数值误差，进而影响模型的预测准确性。

6.4 本章符号说明（Nomenclature）

b 由方程（6-1a）定义的常数，1/kPa

b_0 在零吸附能水平下的亲和常数，1/kPa

E_{max} 最大吸附能，J/mol

E_{min} 最小吸附能，J/mol

n 组分数

P 压力，kPa

q 组分吸附量，mol/kg

q_{cal} 计算吸附量，mol/kg

q_{exp} 实验吸附量，mol/kg

q_s 饱和吸附量，mol/kg

q_T 总吸附量，mol/kg

R 气体常数，J/(mol · K)

s 定义（6-1b）的 Unilan 常数

T 温度，K

U_1 定义（6-2）的 Unilan 常数，mol/kg

U_2 定义（6-2）的 Unilan 常数，mol/kg

U_3 定义（6-2）的 Unilan 常数，mol/kg

x 吸附相摩尔分数，(mol)%

y 气相摩尔分数，(mol)%

A 比表面积，m^2/kg

D D-R 方程参数

E_r 吸附量的平均相对误差，%

n 组分数
N 数据点数
p 组分压力，kPa
P 总压，kPa
q 吸附量，mol/kg
x 吸附相 mol 分率，(mol)%
y 气相 mol 分率，(mol)%
π 伸展压，N/m
π^* 相对伸展压，mol/kg
上标
o 标准态
下标
cal 计算值
exp 实验值
s 饱和态
T 总量

7 结论、创新点及建议

7.1 研究成果和结论

7.1.1 活性炭纤维对含乙醇印刷有机废气处理

本节共进行三部分研究，第一部分是活性炭纤维对印刷废气中乙醇的吸附，第二部分是活性炭纤维的改性，第三部分是载乙醇活性炭纤维的微波解吸。

7.1.1.1 活性炭纤维对印刷废气中乙醇的吸附

（1）用碘吸附、亚甲基蓝吸附及苯吸附考察了不同厂家生产的活性炭纤维的吸附性能。结果表明，江苏苏通碳纤维有限公司生产的碳纤维，具有较佳的吸附性能，碘吸附数值为1200mg/g、亚甲基蓝吸附数值为246mg/g、苯吸附数值为457mg/g。

（2）综合考察了载气流速、活性炭纤维质量、吸附温度和吸附压力对活性炭纤维吸附乙醇气体的吸附性能。从实验结果可以看出，随着载气流速的增大，活性炭纤维达到饱和的时间缩短，活性炭纤维的饱和吸附量则逐渐增加。随着活性炭纤维质量的增加，其饱和吸附量呈增加的趋势，但增加得并不明显。随着温度的升高，活性炭纤维的吸附量则逐渐降低，这也与吸附理论相吻合。综合考虑能耗的影响，因此选用常温为实验的吸附温度。随着压力的升高，活性炭纤维的吸附量也是呈增加的趋势。

（3）考察了乙醇含水量和活性炭纤维含水量对活性炭纤维吸附性能的影响。当气体中含有水分时随着乙醇浓度的降低即乙醇中含水量的增加，活性炭纤维吸附乙醇的量有一定的减少。当活性炭纤维的含水量增加时，活性炭纤维的吸附量明显减少。

7.1.1.2 载乙醇活性炭纤维的微波解吸

采用两种方法对载乙醇活性炭纤维的微波解吸，一种是氮气氛围的微波解吸，一种是真空条件下的微波解吸，并得出以下结论：

（1）针对印刷废气中的乙醇，用活性炭纤维吸附-微波解吸方法回收其中可利用的乙醇，设计了载乙醇活性炭纤维在微波解吸的实验流程。

（2）在氮气氛围微波解吸实验中，通过正交实验，以活性炭纤维的解吸率为衡量指标，活性炭纤维再生实验中各因素对活性炭纤维再生率的影响从大到小的次序为：微波功率、辐照时间、氮气流量、活性炭纤维量，实验得到的最佳工艺条件：微波功率 800W，活性炭量 2. 50g，氮气流量 1. 2L/h，辐照时间 300s。

(3) 在真空条件下的微波解吸实验中，通过正交实验，以活性炭纤维的解吸率为衡量指标，活性炭纤维再生实验中各因素对活性炭纤维再生率的影响从大到小的次序为：真空度>辐照时间>活性炭纤维量>微波功率，实验得到的最佳工艺条件：真空度 0. 05MPa，辐照时间 300s，活性炭纤维质量 4. 0000g，微波功率 680W。

(4) 通过多次吸附解吸实验可以看出，活性炭纤维吸附对乙醇的吸附量有所提高。

7.1.1.3 活性炭纤维的改性

(1) 选用硫酸钾和硫酸钠为浸渍液，然后在相同的条件下进行改性处理。由数据可以看出经过改性后的活性炭纤维的饱和吸附量、饱和吸附时间、穿透吸附量及穿透时间较未改性活性炭纤维已经有了很大程度的提高。

(2) 综合考察了浸渍浓度、浸渍时间、碳化温度和碳化时间对改性活性炭纤维吸附乙醇气体的吸附性能的影响。从实验结果可以看出，随着浸渍浓度、碳化时间和碳化温度的升高，改性活性炭纤维对乙醇的吸附量呈现先增大后减小的趋势。

7.1.2 活性炭纤维对含乙醇和甲苯印刷有机废气处理

实验建立了运用活性炭纤维作为吸附剂吸附模拟印刷废气，微波辐照法解吸再生吸附剂回收吸附质的方法与流程，探究了活性炭纤维对甲苯和乙醇的吸附性能，通过设计单因素及正交试验优化了解吸条件。

通过实验证明，活性炭纤维作为吸附剂能有效处理模拟印刷废气，具有活性炭不可比拟的优越性能。首先，活性炭为不可压缩固体，粒状结构，形态固定，填充时颗粒之间具有较大的空隙；活性炭纤维质地柔软疏松，易压制裁剪成一定形态，通过裁剪填充到吸附柱中，具有填充均匀、密度可调节以及纤维丝之间结构较小的效果有利于对有机物进行较为彻底的吸附。其次，相比于活性炭，活性炭纤维对有机物具有较大的吸附容量。

此外，运用活性炭作为吸附剂时，活性炭由于密度较大以及吸附容量较小原因，解吸时耗能较大，有研究表明运用微波作为能源，解吸载吸附饱和的活性炭，活性炭的烧失比较严重，经过多次再生，活性炭孔隙结构将会有一个扩容到孔隙坍塌的过程，而实验表明经多次再生后的活性炭纤维吸附容量并未出现明显的降低，反而对甲苯吸附容量在一定程度上出现了上升现象。

7.1.2.1 静态吸附动力学模拟

通过实验数据表明，活性炭纤维对乙醇和甲苯都具有较强的吸附能力；在温度为25℃时，常压下，在配气鼓气量为40L/h实验条件下，乙醇饱和吸附值为373mg/g，甲苯饱和吸附值为465mg/g，活性炭纤维对甲苯的吸附能力强于对乙醇的吸附能力，吸附甲苯的穿透时间（约为50min）高于吸附乙醇的穿透时间（约为15min），气体中乙醇和甲苯的浓度在一定范围内对饱和吸附值的影响较小。此外，相对于乙醇活性炭纤维对甲苯具有更强的吸附能力，由于竞争吸附作用的存在，有利于含甲苯和乙醇废气中对环境危害更大的甲苯被较为彻底地除去。

在25℃，常压下，对3个不同浓度的乙醇和甲苯做了吸附实验，运用准一级吸附动力学模型、准二级吸附动力学模型以及内扩散三种吸附模型对吸附数据进行模拟，通过实验表明，活性炭纤维吸附不同浓度的单组分的乙醇或甲苯气体时，吸附过程在动力学上较为符合准一级动力学曲线。在准一级吸附动力学拟合曲线图上一些点存在一些偏差，这可能是由于取样造成吸附体系中物质的损失而导致的误差。

在25℃，常压下，对3个不同浓度的乙醇做了吸附实验，准一级吸附动力学的初始浓度、拟合度以及拟合模型分别如下：

（1）乙醇初始浓度约为16.4g/m^3，准一级动力学曲线拟合度R^2为0.996，拟合曲线方程为：$\ln(q_e-q)=-0.1093t+4.5357$；

（2）初始浓度约为98.6g/m^3，准一级动力学线性拟合度R^2为0.986，拟合曲线方程为：$\ln(q_e-q)=-0.0795t+4.6870$；

（3）初始浓度约为295.9g/m^3，准一级动力学线性拟合度R^2约为0.991，拟合曲线方程为：$\ln(q_e-q)=-0.0687t+5.9786$。

在25℃，常压下，对3个不同浓度的甲苯做了吸附实验，准一级吸附动力学的初始浓度、拟合度以及拟合模型分别如下：

（1）甲苯初始浓度约为18.1g/m^3，准一级动力学曲线拟合度R^2为0.994，拟合曲线方程为：$\ln(q_e-q)=-0.0728t+5.1068$；

（2）初始浓度约为108.4g/m^3，准一级动力学线性拟合度R^2为0.993，拟合曲线方程为：$\ln(q_e-q)=-0.2622t+5.7597$；

（3）初始浓度约为325.1g/m^3，准一级动力学线性拟合度R^2约为0.986，拟合曲线方程为：$\ln(q_e-q)=-0.5520t+6.4780$。

7.1.2.2 微波辐照解吸

在常温常压下，通过单因素实验以及正交试验考查了微波辐照功率、微波辐照时间、载气气速以及活性炭纤维填充密度等主要因素对微波辐照解吸载乙醇活性炭纤维的影响，根据实验结果，因素主次为：微波功率（W）、辐照时间（s）、氮气流量（L/h）、活性炭纤维填充密度（g/cm^3），得出选取条件内微波辐照解吸载乙醇活性炭纤维的最佳解吸条件为：微波功率为528W、辐照时间为80s、氮气流量为16L/h、活性炭纤维填充密度0.085g/cm^3。通过三组验证试验，测得载乙醇活性炭纤维的平均解吸率为99.52%，活性炭纤维平均烧失率为1.19%。

通过单因素实验以及正交试验考察了微波辐照时间、载气气速以及活性炭纤维填充密度等主要因素对微波辐照解吸载甲苯活性炭纤维的影响。根据实验结果，因素主次为：辐照时间（s）、氮气流量（L/h）、活性炭纤维填充密度（g/cm^3），得出选取条件内微波辐照解吸载甲苯活性炭纤维的最佳解吸条件为：微波功率为290W、辐照时间为120s、氮气流量为48L/h、活性炭纤维填充密度0.094g/cm^3。该条件下，三组验证试验得到甲苯平均解吸率为95.59%。

7.1.2.3　微波辐照对活性炭纤维性能的影响

实验分别通过10次吸附-微波辐照解吸载乙醇和甲苯的活性炭纤维，通过测定解吸后活性炭纤维的吸附值以及通过SEM观测多次解吸后活性炭纤维的微观变化，考察了微波解吸次数对活性炭纤维吸附性能的影响。

实验发现，在多次解吸后，活性炭纤维对乙醇的饱和吸附值维持在375～385mg/g之间，再生后的活性炭纤维对乙醇的吸附较为稳定的，解吸后的活性炭纤维在SEM图出现明显的灰化现象，但活性炭纤维形态完好。多次解吸的载甲苯活性炭纤维对甲苯的饱和吸附值出现了约为35mg/g的提升，解吸后的活性炭纤维在SEM图明显的出现一定灰化现象，解吸后的活性炭纤维出现易断裂现象。

通过对活性炭纤维负载SnO_2，明显降低了微波辐照解吸载甲苯活性炭纤维过程中的过热氧化现象，气相色谱分析表明，解吸液的甲苯含量由97.95%提升到99.40%，甲苯含量得到一定的提升，解吸的效果得到了进一步的提升。

通过实验发现利用微波辐照可高效的实现乙醇和甲苯的回收，同时多次利用的活性炭纤维性能并未受到明显的影响。

7.1.3　吸附模型及模拟

（1）AHEL模型的合理应用与纯组分Unilan吸附等温线的参数有关。不仅吸附组分的饱和吸附容量应近似（这将满足热力学一致性条件），而且，最大吸附能也不应相差太大，否则，有可能产生大的误差。在本书研究的体系中，当两组分的最大吸附能相差一倍时，预测结果仍然能很好地符合实验数据；但当两者相差更大时，误差迅速增加，尽管这些参数拟合单组分吸附等温线很好而且体系也符合热力学一致性条件。

（2）IAS理论需要大量数值计算，包括数值积分。当以D-R方程作为纯组分吸附等温线时，该理论对数值积分的精度要求严格，需要达到10^{-7}。如积分误差采用常用的10^{-4}，则会带来明显的数值计算误差，可能使预测结果变坏。

7.2 创新点

本书的创新之处在于：

（1）采用双列叶片式气体分布器，使得进入反应器中的气体分布更加均匀，提高了活性炭纤维对乙醇的吸附效率。

（2）将真空技术与微波解吸技术相结合的方法对活性炭纤维进行解吸，通过加压吸附、抽真空解吸的变压吸附实现了微波解吸技术的高效分离效果。在真空解吸的条件下，在以微波为加热源的情况下，微波的选择性得到加强。

（3）采用无机盐浸渍处理，并对活性炭纤维进行二次碳化，得到的改性活性炭纤维对乙醇废气的吸附量明显提高。

（4）通过多次再生实验，考察了微波辐照对活性炭纤维吸附性能的影响以及再生前后活性炭纤维的表观变化。

（5）通过对活性炭纤维进行阻燃剂负载，有效降低了微波辐照中热能对工艺设备的损耗，减小了易被氧化的吸附质和吸附剂在微波辐照解吸流程中的损失。

（6）IAS 理论需要大量数值模拟，包括数值积分。当以 D-R 方程作为纯组分吸附等温线时，该理论对数值积分的精度要求严格，需要达到 10^{-7}。如积分误差采用常用的 10^{-4}，则会带来明显的数值计算误差，可能使预测结果变坏。AHEL 模型的合理应用与纯组分 Unilan 吸附等温线的参数有关。

7.3 建　议

未来需要继续探索的方面包括：

（1）我国工业微波加热设备常用的两种微波工作频率分别为 915MHz 和 2450MHz。本研究所用为 2450MHz 格兰仕家用微波炉，而实际工业生产中采用的微波频率通常是 915MHz，在这个微波频率下实验结果可能会有所不同。因此，应该通过改变微波的频率来考察活性炭纤维微波解吸的性能。

（2）实验所用的废气是实验室利用鼓泡法进行模拟，成分相对较为单一，属于工艺的探索，为实现与工业生产相关的废气处理工艺相接轨，还需对工业有机废气进行相关的实验。

（3）阻燃剂负载方面虽取得一定的阻燃效果，但并未进行较为深入的探究。